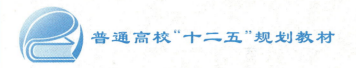 普通高校"十二五"规划教材

建筑制图与阴影透视习题集

(第二版)

赵景伟 主编

北京航空航天大学出版社

内容简介

本习题集与北京航空航天大学出版社出版的赵景伟、魏秀婷、张晓玮编著的《建筑制图与阴影透视》(第二版)教材配套使用。本习题集的主要内容有：建筑制图的基本知识；投影的基本知识；点、线、面的投影及直线与平面、平面与平面相对位置；换面法；曲线与曲面；基本形体的投影；立体的截交线与相贯线；组合体的投影图；标高投影；轴测投影；房屋建筑的图样画法；建筑施工图；房屋结构图；建筑阴影概述；平面立体及平面建筑形体的阴影；曲面立体的阴影；轴测图上的阴影；透视投影的基本知识；透视图的作图方法；透视图的辅助画法；曲面体的透视；透视图中的阴影、倒影和虚像。

本书可作为高等学校工学本科土木工程、建筑学、城市规划、艺术设计等专业建筑制图与阴影透视的习题集，也可供其他相关本科专业或职业技术学院、成人教育、电视大学等有关专业选用。

图书在版编目(CIP)数据

建筑制图与阴影透视习题集 / 赵景伟主编. -- 2 版. -- 北京：北京航空航天大学出版社,2012.5
 ISBN 978-7-5124-0497-7

Ⅰ. ①建… Ⅱ. ①赵… Ⅲ. ①建筑制图—透视投影—高等学校—习题集 Ⅳ. ①TU204-44

中国版本图书馆 CIP 数据核字(2011)第 129915 号

版权所有，侵权必究。

前 言

本习题集在第一版的使用过程中，陆续发现了一些局部的图形疏漏，作者在第二版对之进行了调整和修改。

该版习题集根据教材所做的内容增减，相应的增添了关于混凝土结构平法施工图的施工图，以供读者练习使用。另外还增加了在轴测图上绘制阴影的一些练习。

本书由山东科技大学土木建筑学院城市规划系组织修订，在修订中参考了大量的有关著作，在此对这些编著者表示衷心的感谢！

参加本习题集修订工作的有：赵景伟（第1～13、第15～第18章）、山东科技大学建筑设计研究院陈炳志（第14章）、山东科技大学艺术与设计学院张晓玮（第19～第23章）。

本书在二版修订的过程中，得到了北京航空航天大学出版社的热情帮助，在此表示衷心地感谢！

本书如有疏漏之处，敬请广大同仁和读者批评指正。

编 者
2011年12月

建筑制图与阴影透视习题集
（第二版）

赵景伟　主编

责任编辑　金友泉

*

北京航空航天大学出版社出版发行

北京市海淀区学院路37号(邮编100191)　http://www.buaapress.com.cn
发行部电话：(010)82317024　传真：(010)82328026
读者信箱：bhpress@263.net　邮购电话：(010)82316936
三河市华骏印务包装有限公司印装　　各地书店经销

*

开本：787 mm×1 092 mm　1/8　印张：15.5　字数：394千字
2012年5月第1版　2019年9月第3次印刷　印数：6 001～7 000册
ISBN 978-7-5124-0497-7　　定价：35.00元

目 录

1. 建筑制图的基本知识
- 1-1　字体练习 …………………… (1)
- 1-2　线型练习 …………………… (2)
- 1-3　圆弧连接 …………………… (3)
- 1-4　几何作图 …………………… (4)

2. 投影的基本知识
- 2-1　物体的三面投影 ……………… (5)

3. 点、线、面的投影
- 3-1　点的投影(一)～(二) ………… (6)
- 3-2　直线的投影(一)～(二) ……… (8)
- 3-3　平面的投影 ………………… (10)

4. 直线与平面、平面与平面的相对位置
- 4-1　直线和平面 ………………… (11)
- 4-2　平面和平面 ………………… (12)
- 4-3　解综合题(一)～(三) ………… (13)

5. 换 面 法
- 5-1　换面法(一)～(二) …………… (16)

6. 曲线与曲面
- 6-1　曲线与曲面(一)～(二) ……… (18)

7. 基本形体的投影
- 7-1　平面立体的投影 ……………… (20)
- 7-2　曲面立体的投影 ……………… (21)

8. 立体的截交线与相贯线
- 8-1　平面与平面立体相交(一)～(二) … (22)
- 8-2　平面与曲面立体相交(一)～(二) … (24)
- 8-3　两平面立体相交 ……………… (26)
- 8-4　平面立体与曲面立体相交 …… (27)
- 8-5　两曲面立体相交 ……………… (28)

9. 组合体的投影图
- 9-1　组合体的投影图(一)～(二) …… (29)
- 9-2　根据轴测图画投影图 ………… (31)
- 9-3　组合体的尺寸标注 …………… (32)
- 9-4　补全组合体的三面投影(一)～(三) …………… (33)
- 9-5　补全组合体投影中所漏图线 …… (36)
- 9-6　组合体的构思 ………………… (37)
- 9-7　补全组合体的三面投影 ……… (38)

10. 标高投影
- 10-1　标高投影(一)～(二) ………… (39)

11. 轴测投影
- 11-1　轴测投影(一)～(四) ………… (41)

12. 房屋建筑的图样画法
- 12-1　房屋建筑的图样画法(一)～(六) …………… (45)

13. 建筑施工图
- 13-1　建筑施工图 ………………… (51)
- 13-2　某会所建筑施工图(一)～(五) … (52)
- 13-3　某住宅建筑施工图(一)～(八) … (57)

14. 房屋结构图
- 14-1　房屋结构图(一)～(五) ……… (65)
- 14-2　梁平法施工图 ……………… (70)
- 14-3　某办公楼一层顶板配筋图 …… (71)
- 14-4　某办公楼二层顶板配筋图 …… (72)
- 14-5　某办公楼基础平面布置图 …… (73)
- 14-6　某办公楼基础详图 ………… (74)
- 14-7　某办公楼柱平法施工图(一)～(二) …………… (75)

15. 建筑阴影概述
- 15-1　点和直线的落影 ……………… (77)
- 15-2　直线的落影 ………………… (78)
- 15-3　平面的落影 ………………… (79)

16. 平面立体及平面建筑形体的阴影
- 16-1　平面立体的阴影(一)～(二) …… (80)
- 16-2　建筑形体的阴影(一)～(六) …… (82)

17. 曲面立体的阴影
- 17-1　曲面立体的阴影(一)～(三) …… (88)

18. 轴测图上的阴影
- 18-1　轴测图上的阴影(一)～(三) …… (91)

19. 透视投影的基本知识
- 19-1　透视投影的基本知识 ………… (94)

20. 透视图的作图方法
- 20-1　迹点灭点法作透视图(一)～(六) ………………………………… (95)
- 20-2　量点法作透视图 …………… (101)
- 20-3　网格法作透视图 …………… (102)
- 20-4　室内透视作图(一)～(二) …… (103)
- 20-5　三点透视作图(一)～(二) …… (105)

21. 透视图的辅助画法
- 21-1　透视图的辅助画法 ………… (107)

22. 曲面体的透视
- 22-1　曲面体的透视(一)～(二) …… (108)

23. 透视图中的阴影、倒影和虚像
- 23-1　透视阴影(一)～(五) ………… (110)
- 23-2　倒影和虚像(一)～(五) ……… (115)

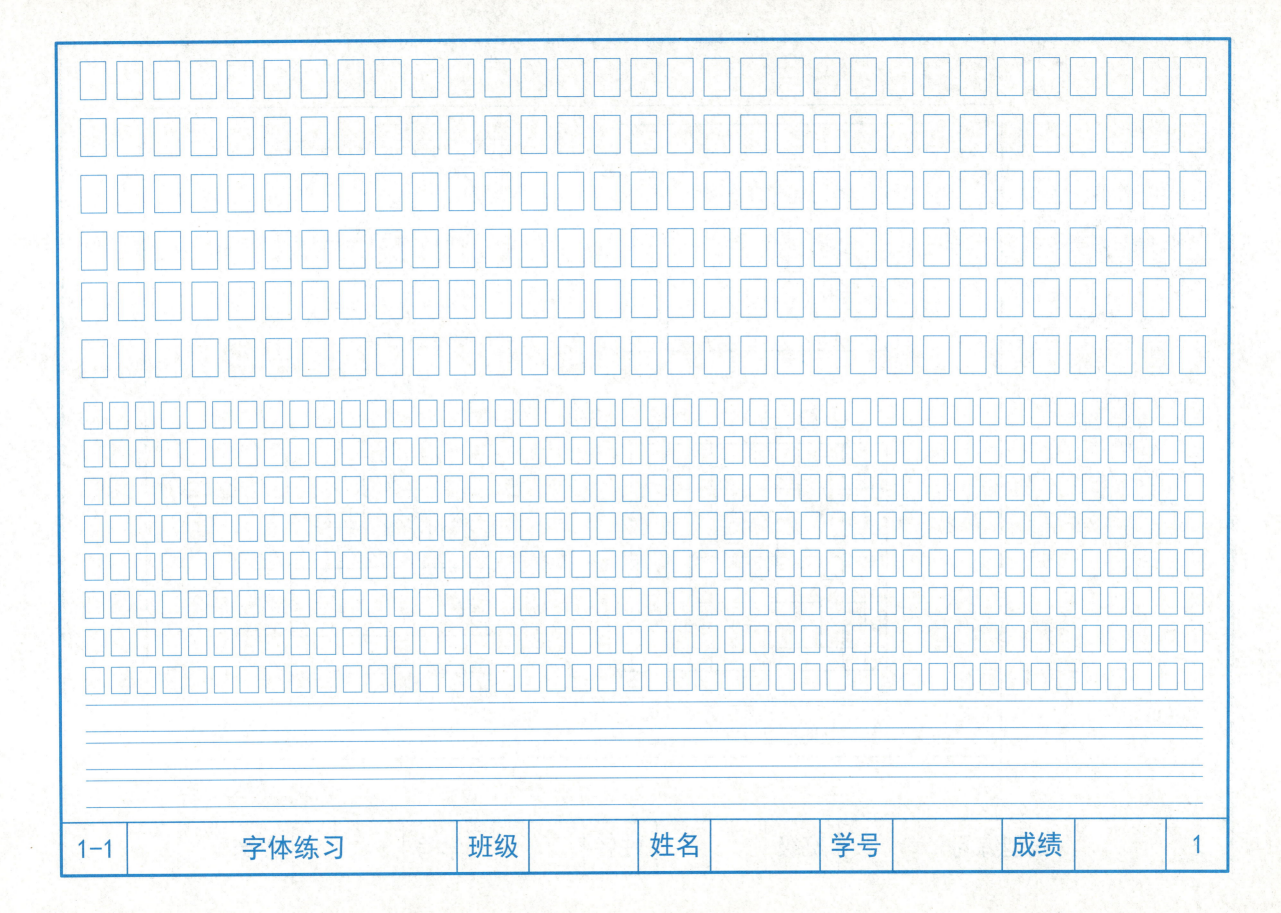

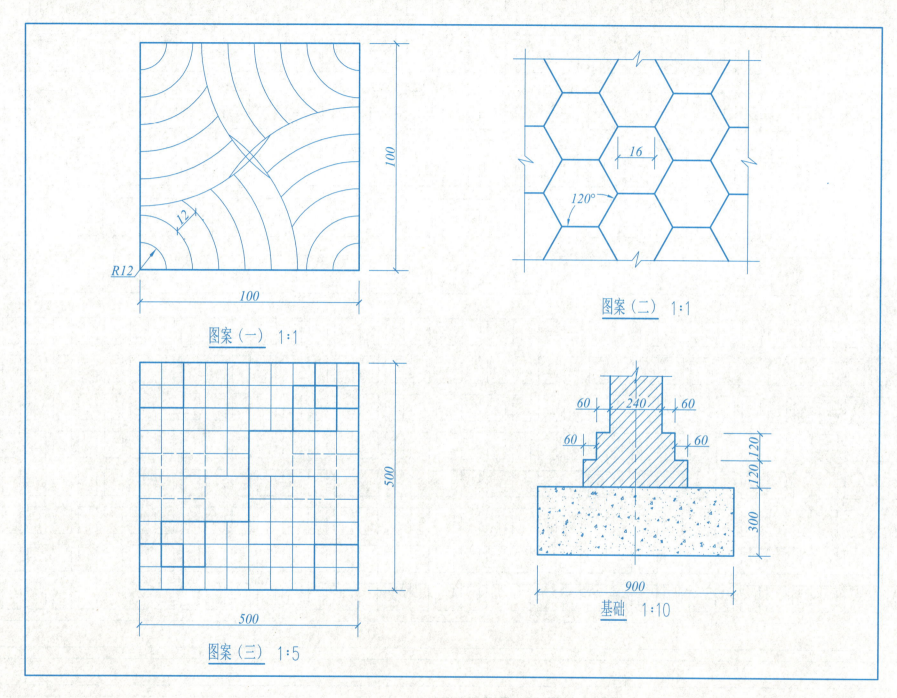

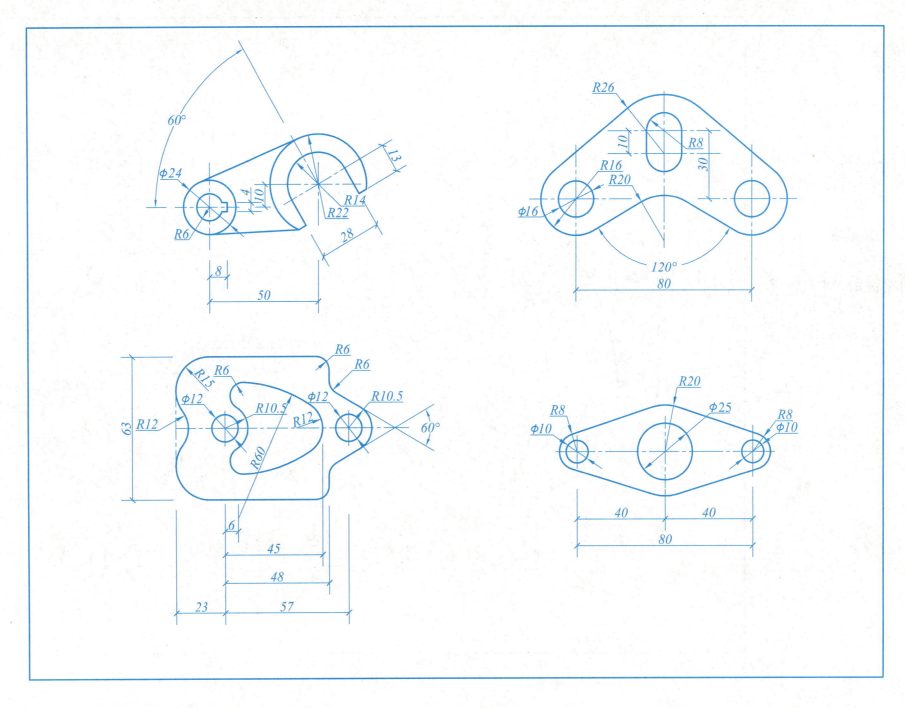

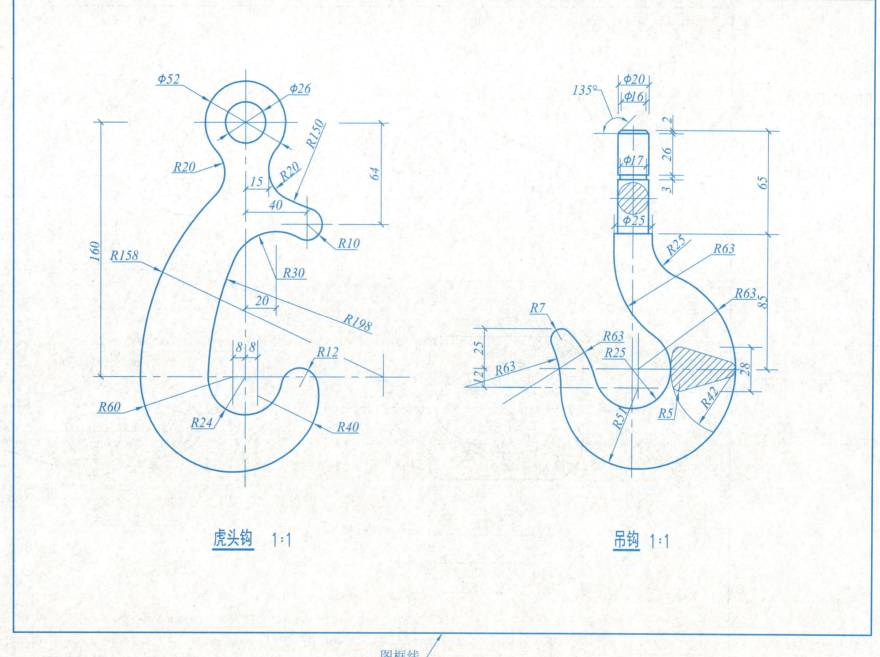

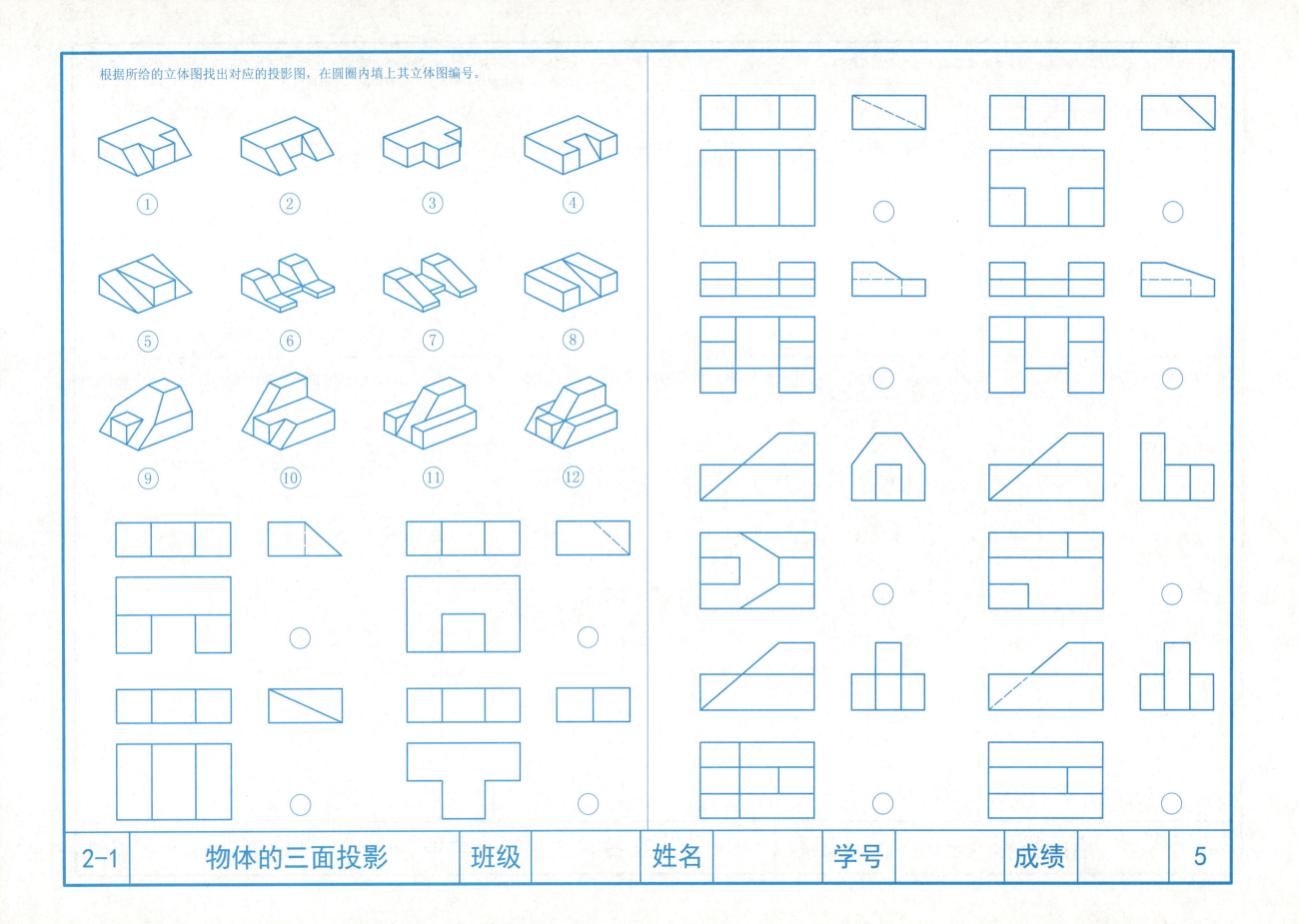

1. 根据点 A、B、C、D 的立体图，从图中量取坐标值，画出它们的投影图。

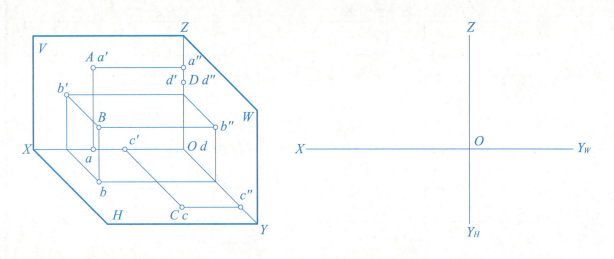

3. 已知点 A 距 V 面 25，距 H 面 20，距 W 面 30；点 B 在 W 面上，距 V 面 10，距 H 面 5；点 C 在 OY 轴上，距 V 面 15，画出它们的投影图，并用粗实线将它们的同面投影两两连线。

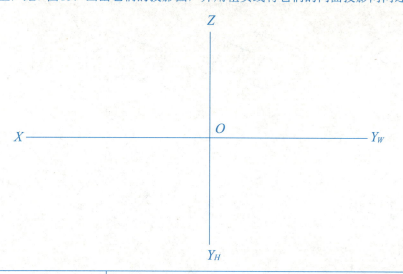

2. 已知各点坐标：A（7，1，3）、B（5，0，4）、C（0，0，5）、D（1，5，6），求各点的投影，并用粗实线将它们的同面投影两两相连。

4. 已知下列各点的两面投影，求它们的第三面投影。

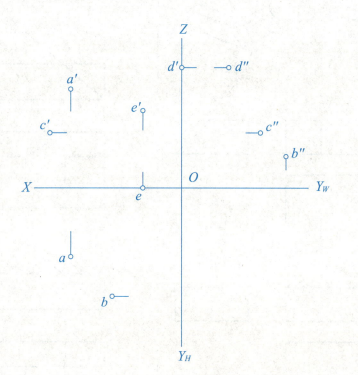

5. 已知的两面投影，求它们的第三面投影，并判别重影点的可见性。

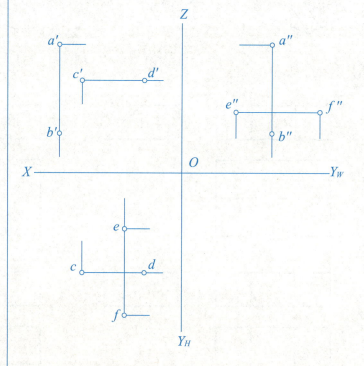

| 6 | 点的投影（一） | 班级 | 姓名 | 学号 | 成绩 | 3-1 |

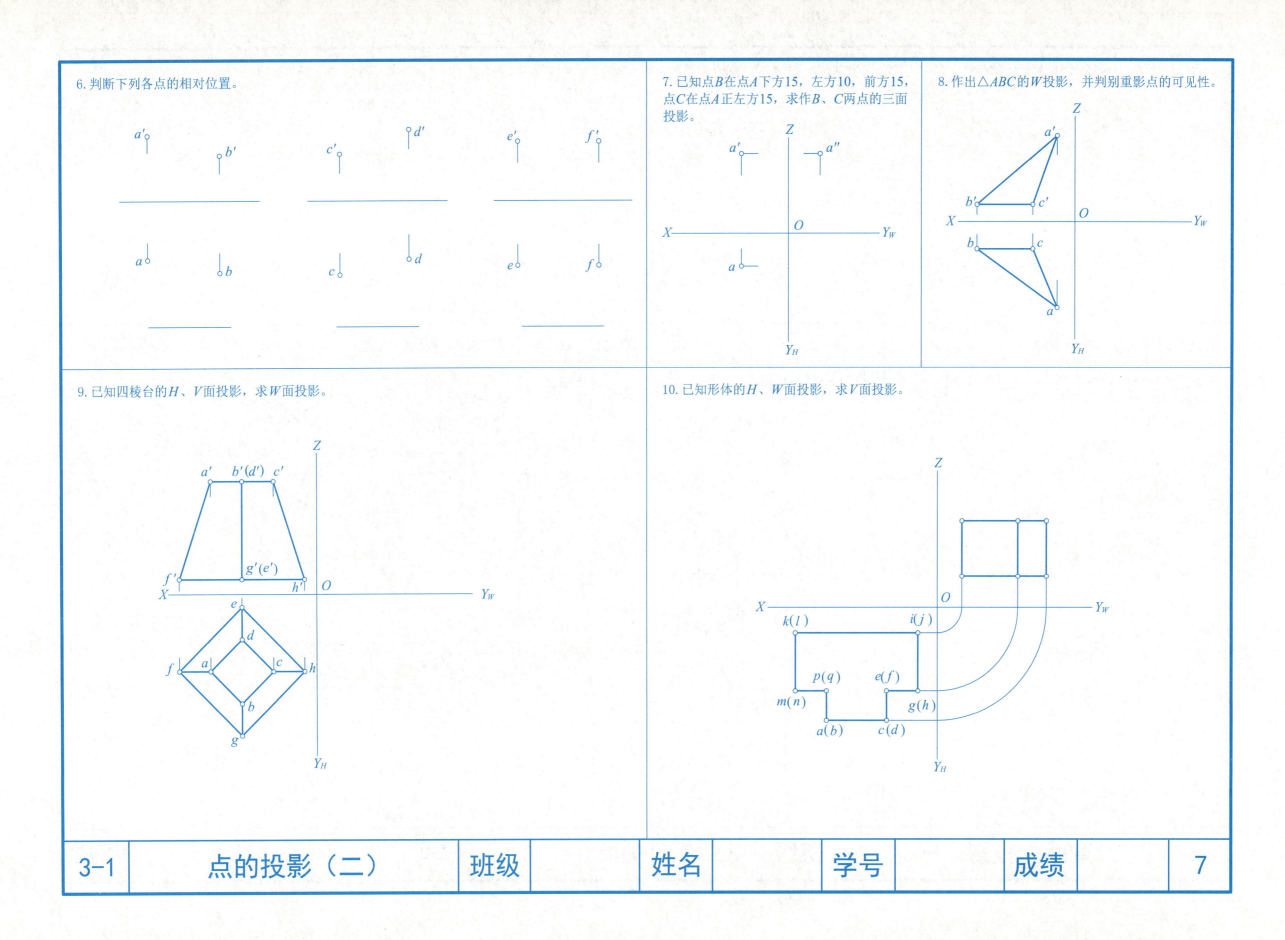

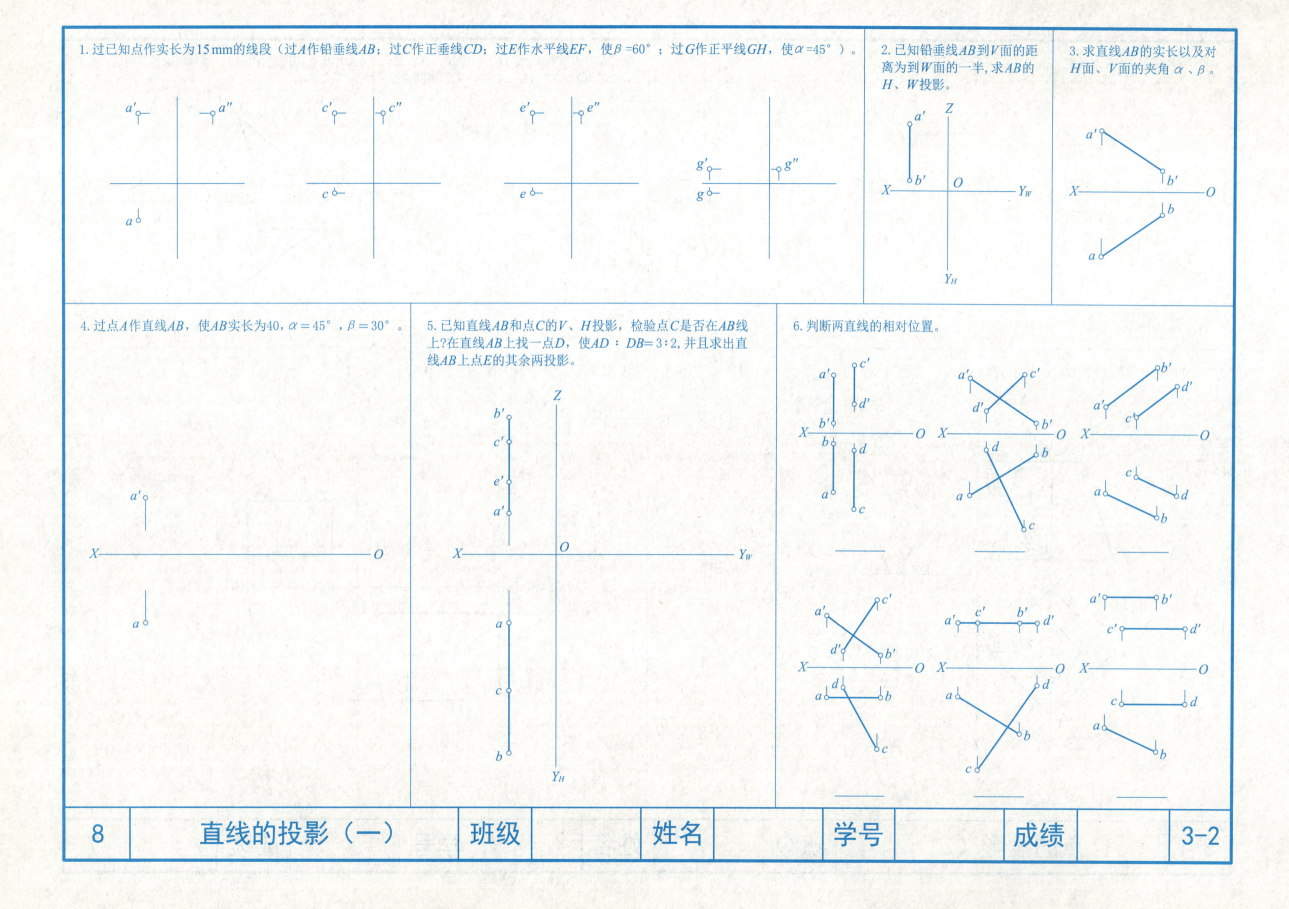

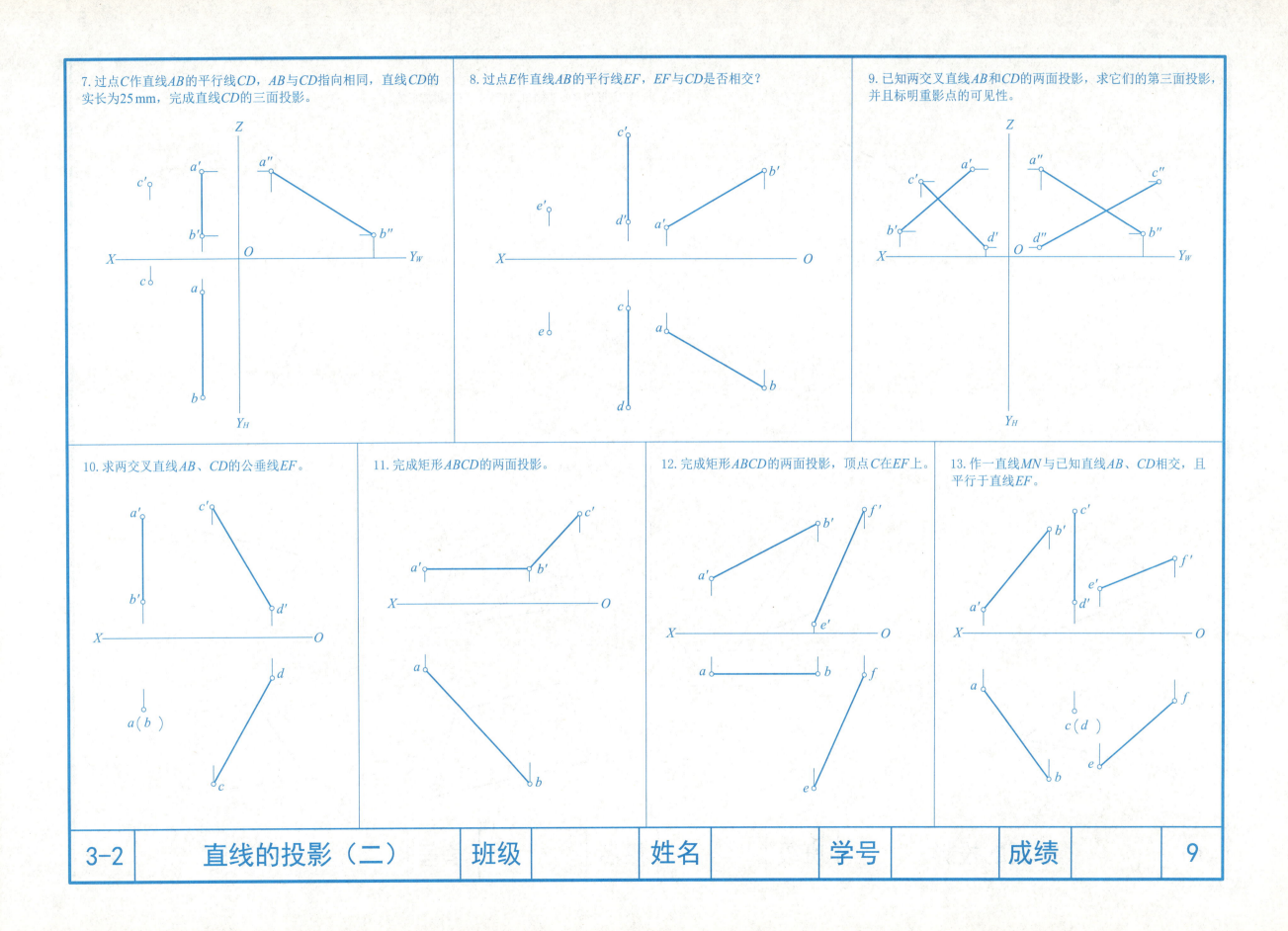

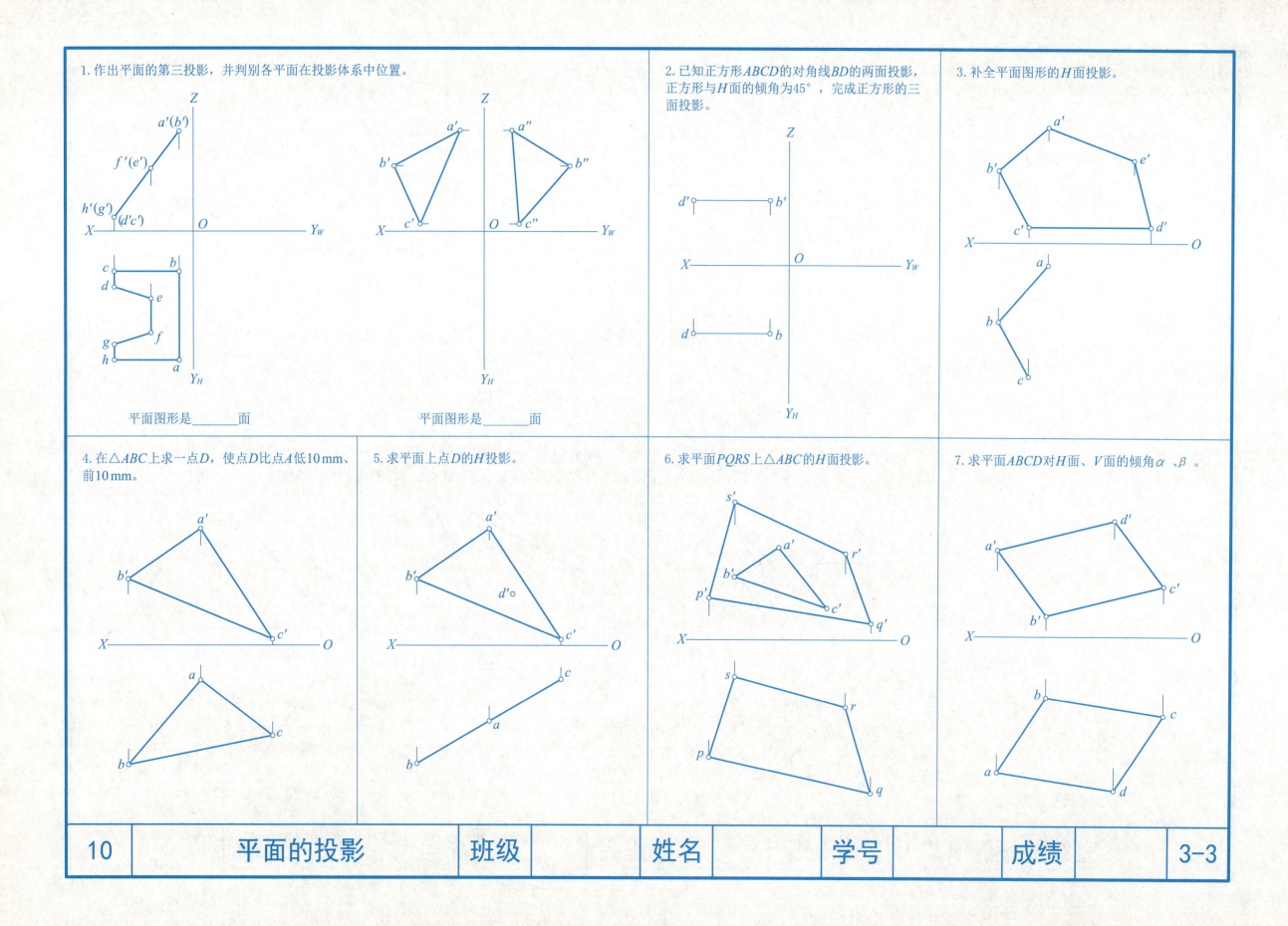

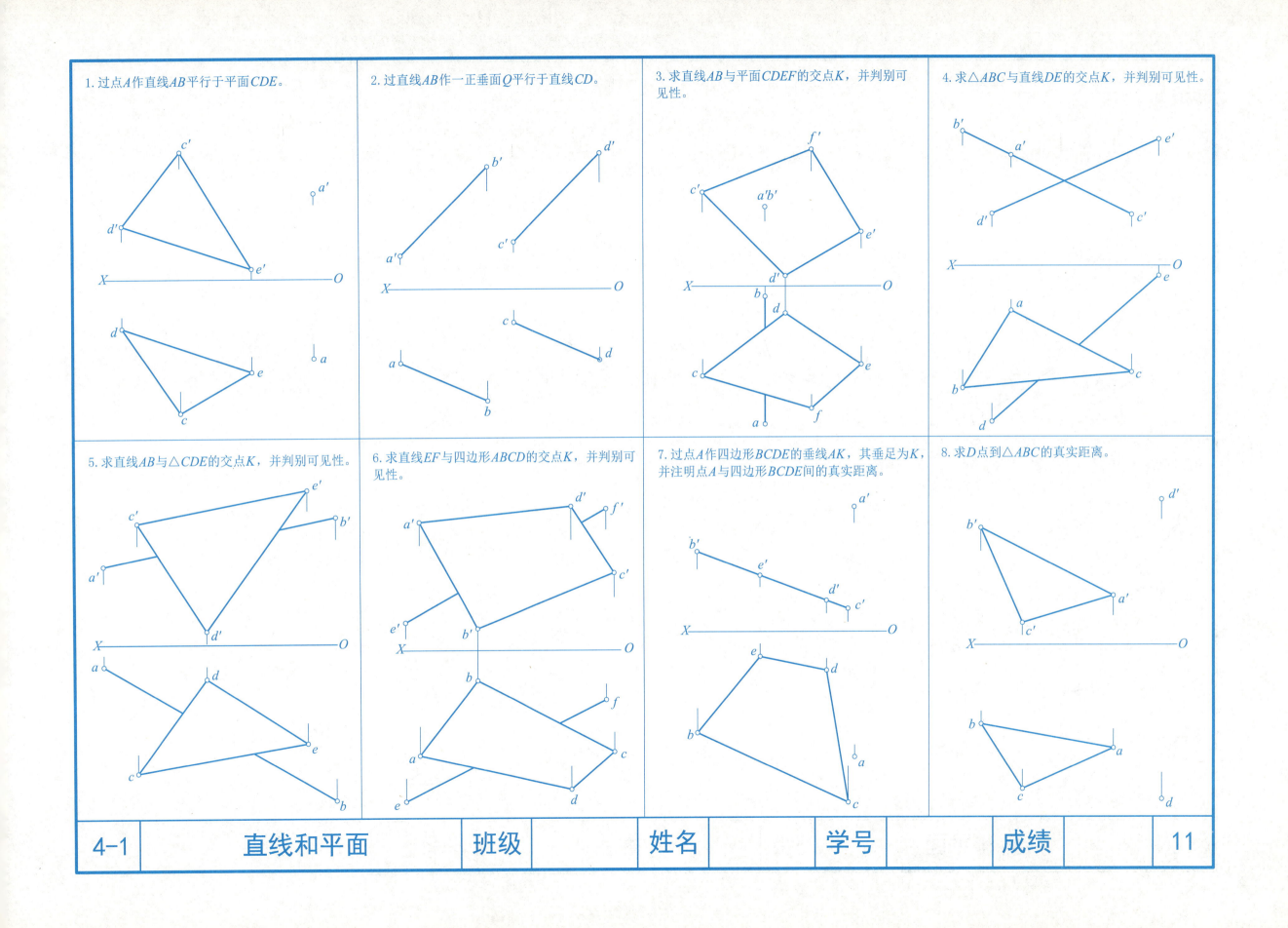

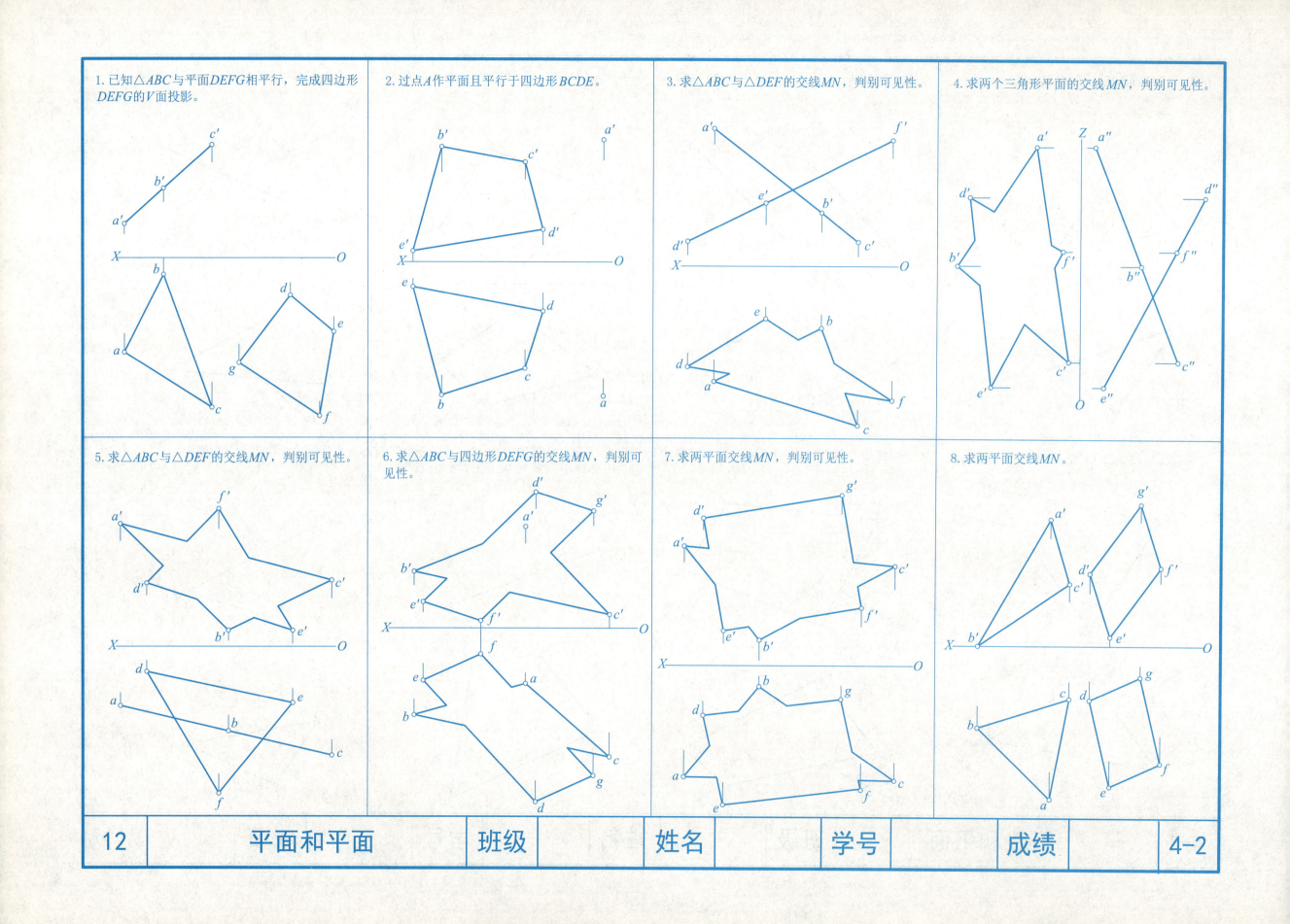

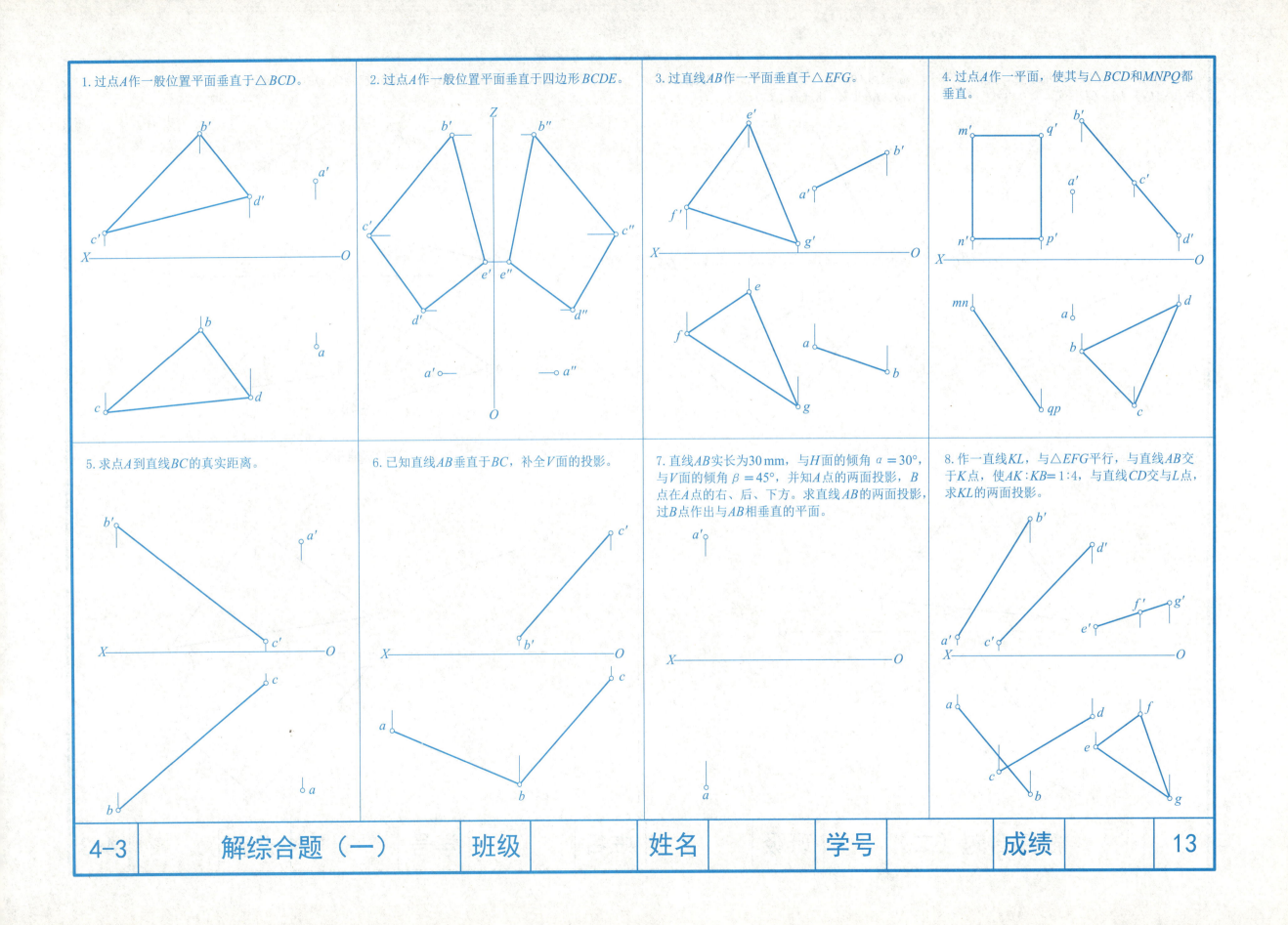

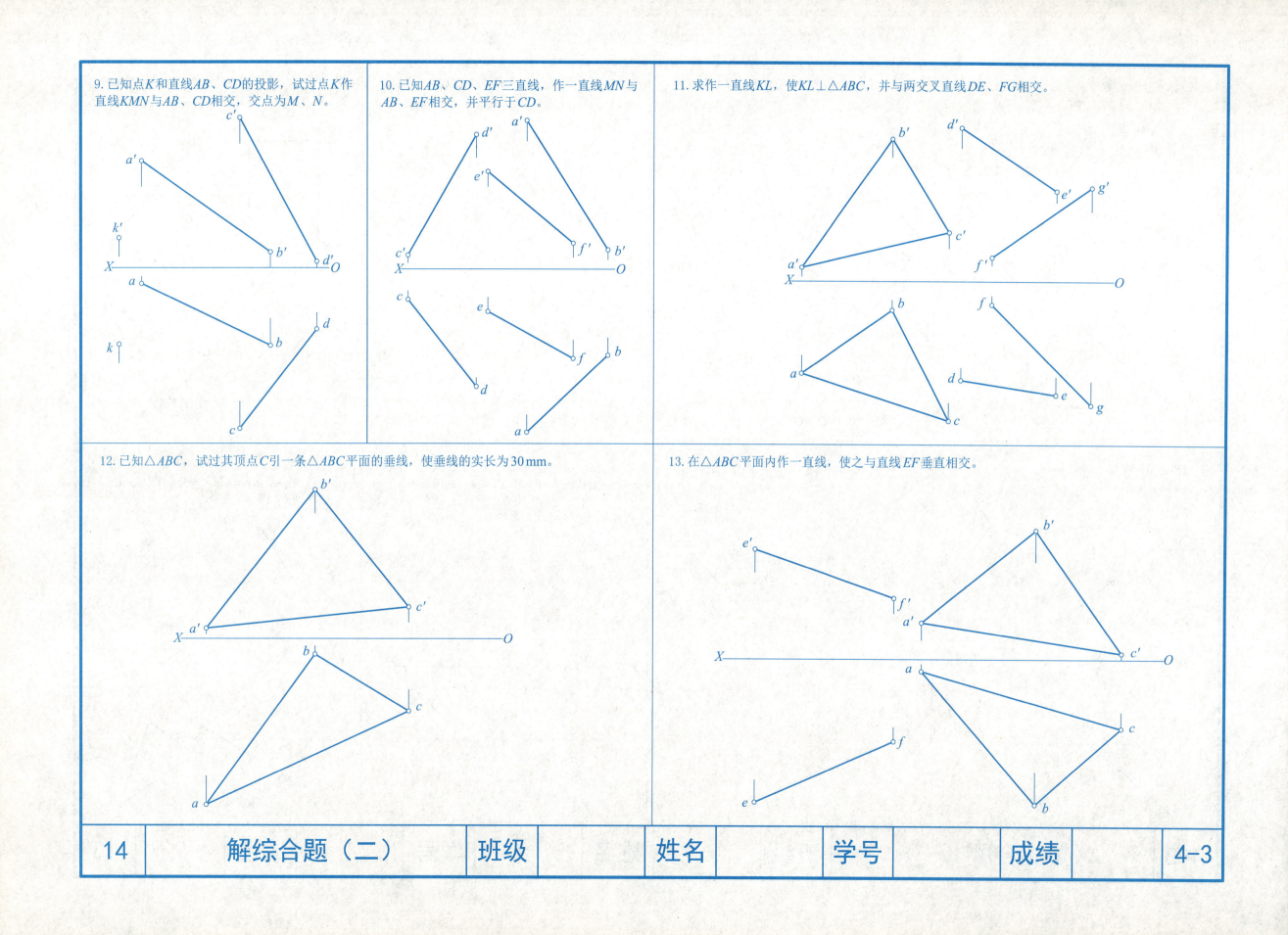

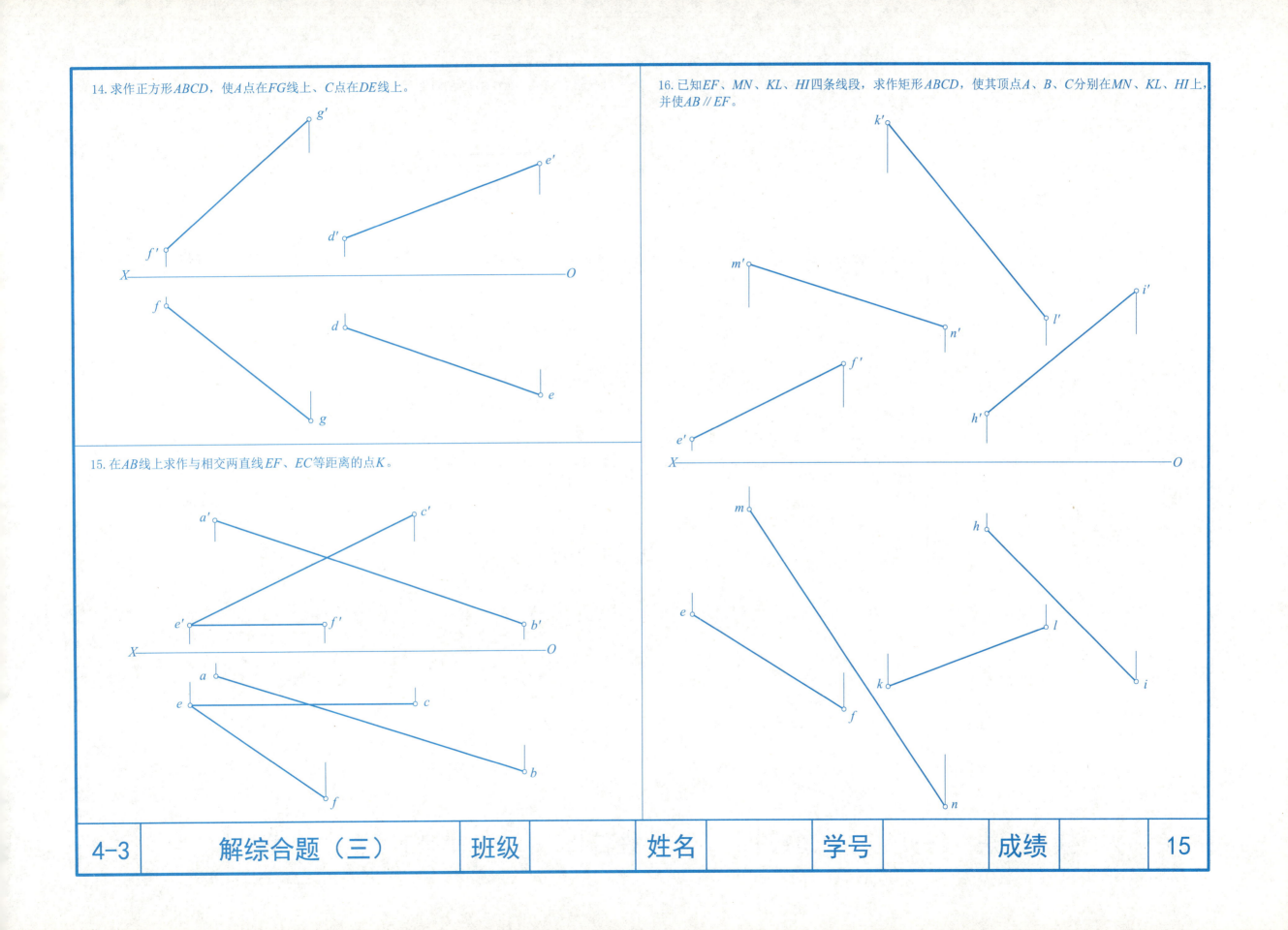

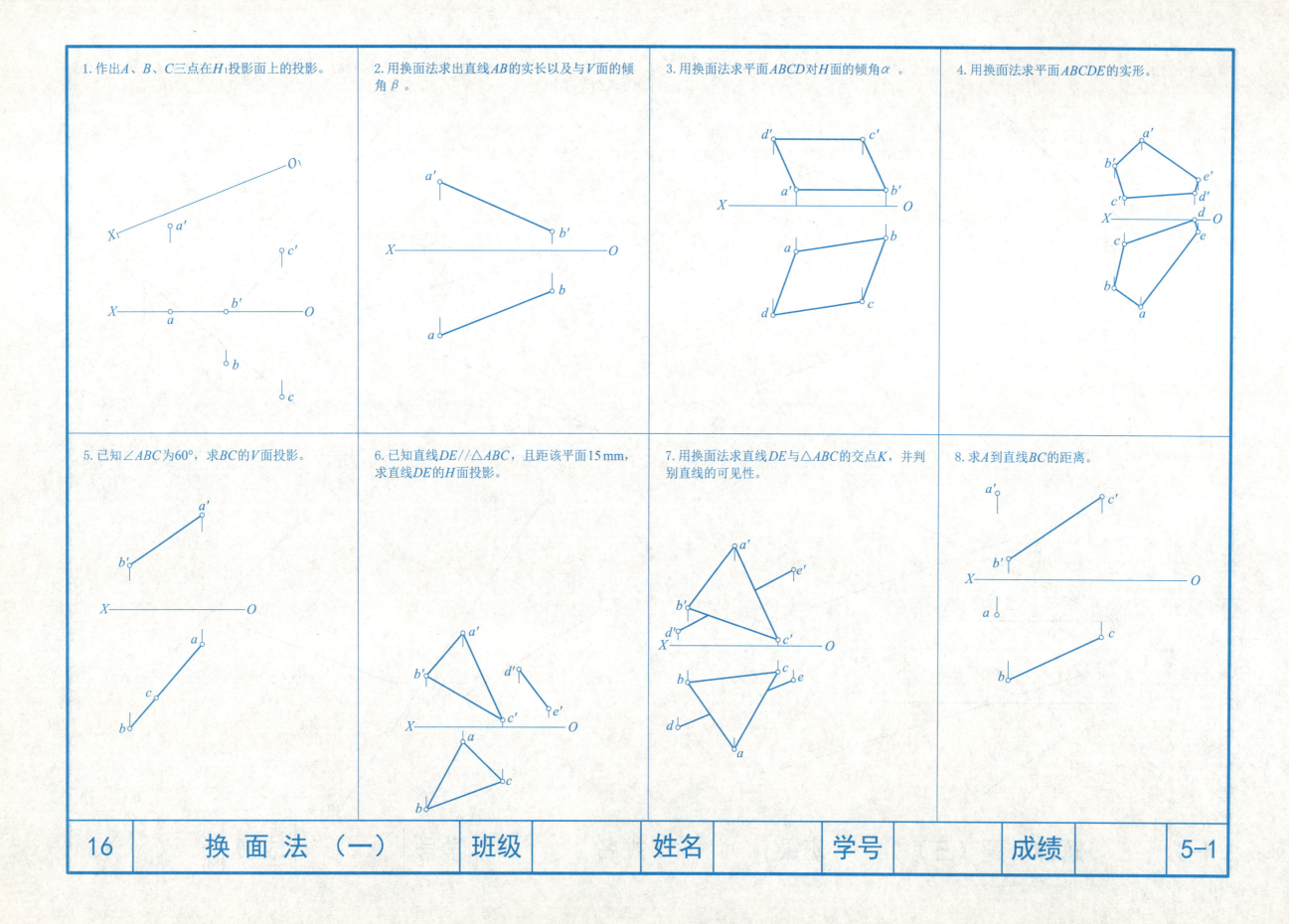

9. 已知正方形ABCD一边AB的两面投影及AD边的H投影方向，用换面法求正方形的两面投影。

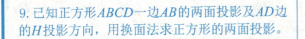

10. 已知直线AB与CD垂直相交，求AB的V面投影。

11. 在CD上求点K，使点K到AB的距离等于15。

12. 已知等边△ABC的一边BC的两面投影，且△ABC与H面的倾角α为30°，顶点A在BC的前上方，用换面法完成△ABC的两面投影。

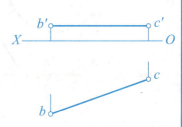

13. 求作直线AB、CD的公垂线MN。

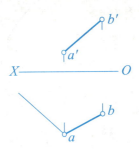

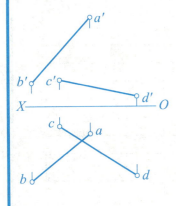

14. 在直线DE上求一点K，使点K与△ABC相距10。

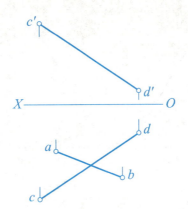

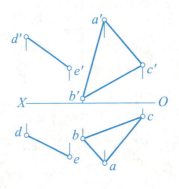

15. 已知正方形ABCD的一个顶点A，对角线BD在直线MN上，用换面法作出正方形ABCD的V面投影和H面投影。

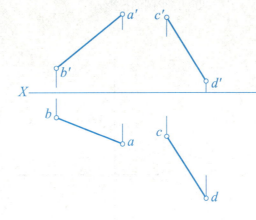

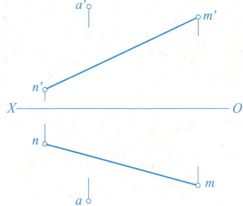

| 5-1 | 换面法（二） | 班级 | 姓名 | 学号 | 成绩 | 17 |

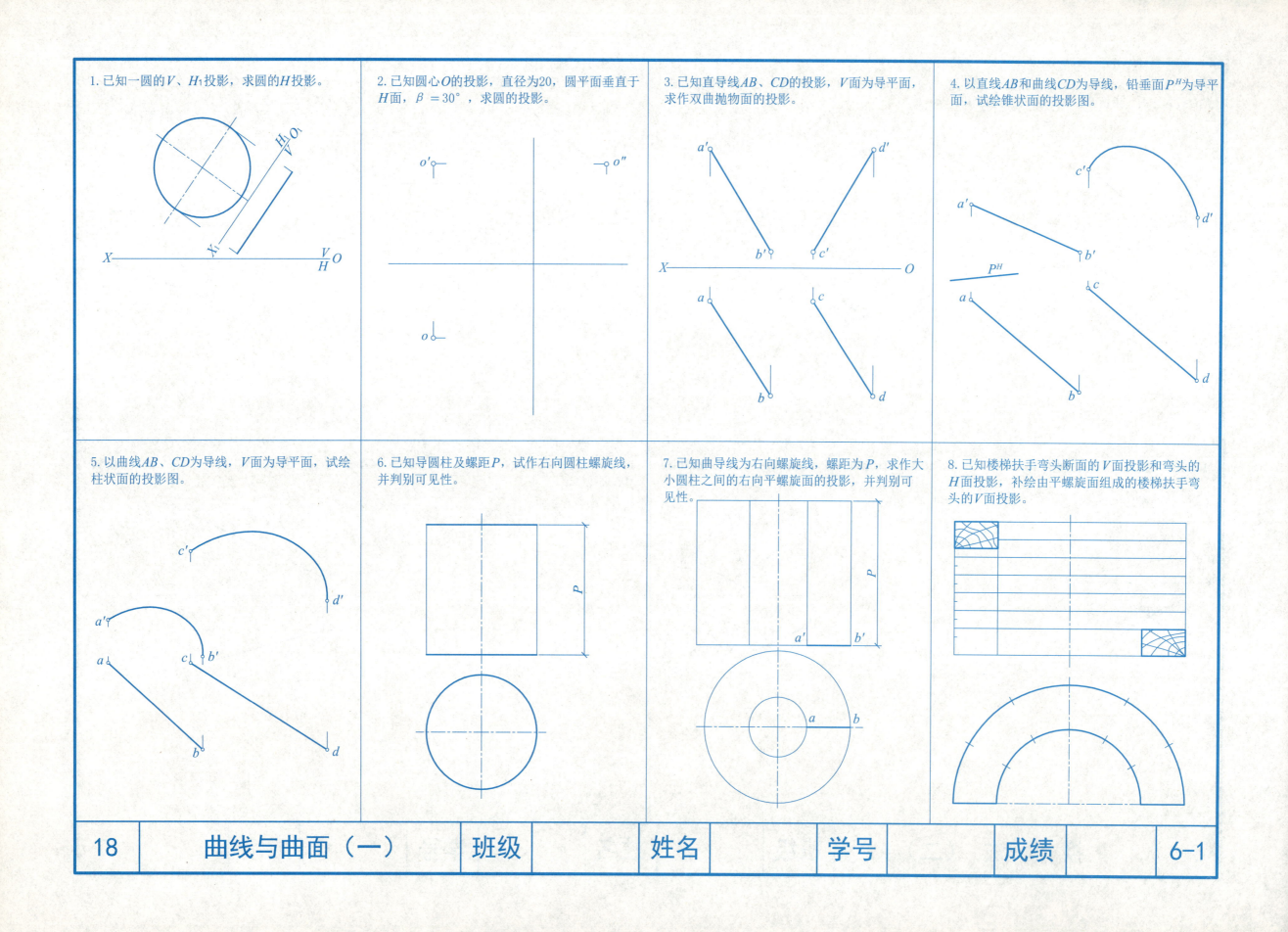

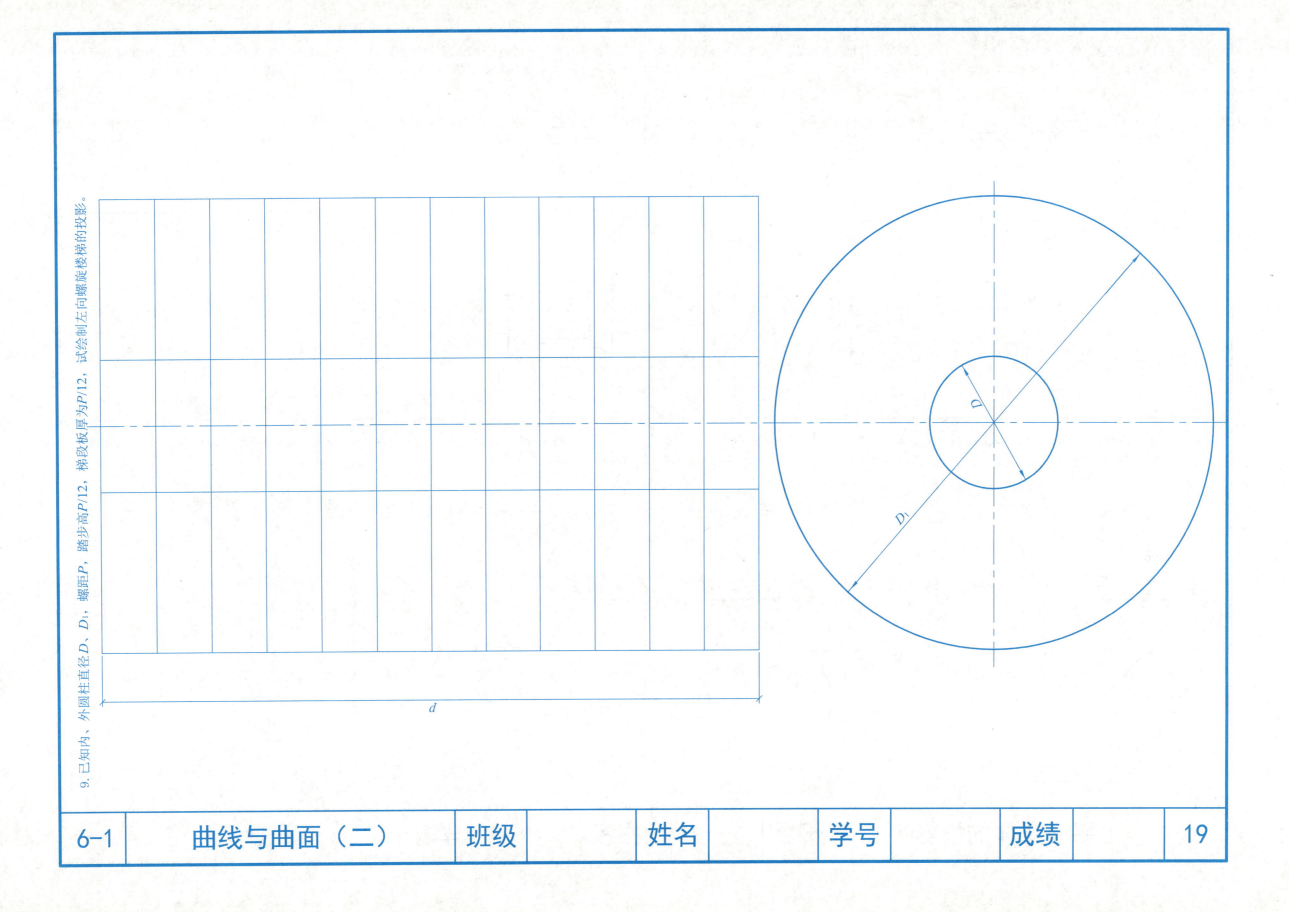

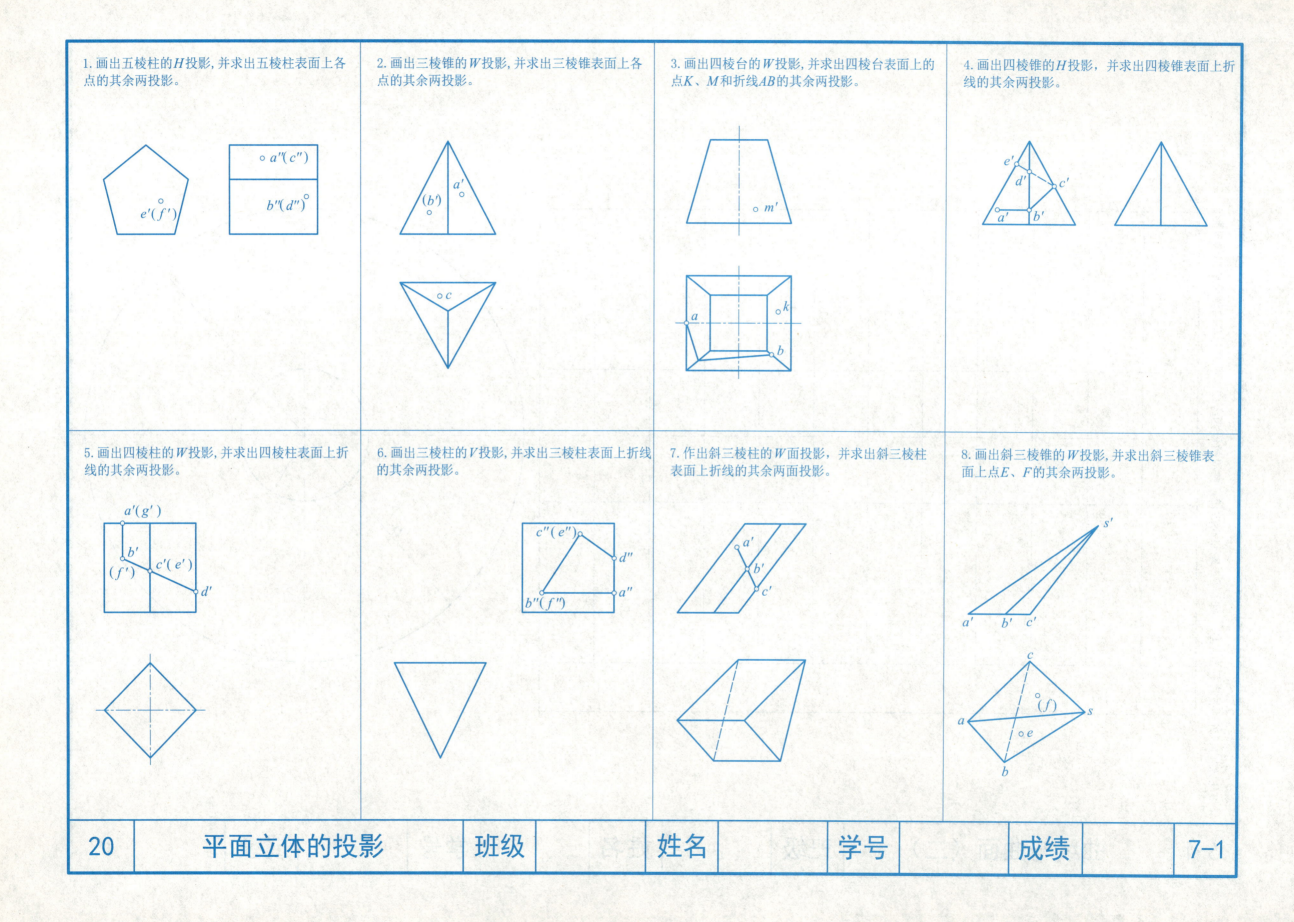

1. 画出圆柱的 H 投影，并求出圆柱表面上各点的其余两投影。

2. 画出圆柱的 V 投影，并求出圆柱表面上点 A、B 和曲线 CD 的其余两投影。

3. 画出圆锥的 W 投影，并求出圆锥表面上点 A、B 和曲线 CD、EF 的其余两投影。

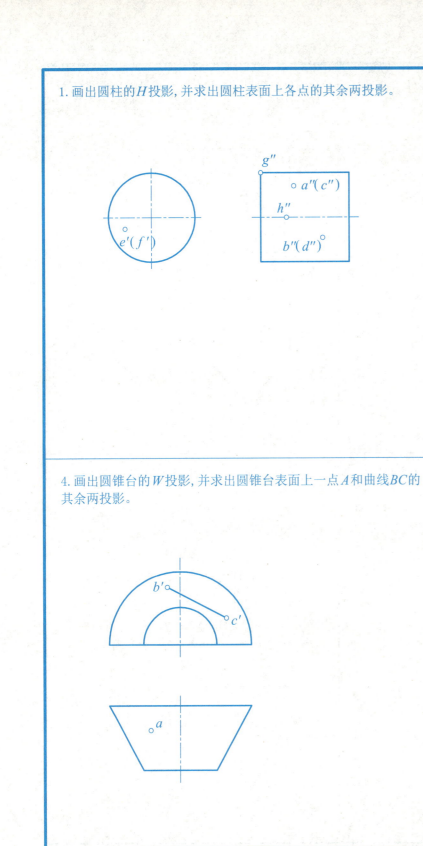

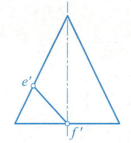
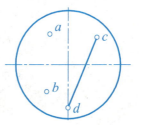

4. 画出圆锥台的 W 投影，并求出圆锥台表面上一点 A 和曲线 BC 的其余两投影。

5. 画出圆球的 W 投影，并求出圆球表面上曲线 CBAFE 和 CDE 的其余两投影。

6. 求出斜圆锥表面上点 A、B 的 H 投影。

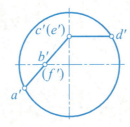

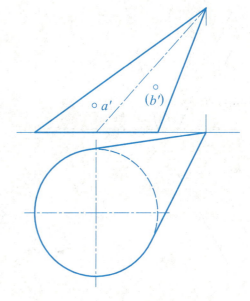

| 7-2 | 曲面立体的投影 | 班级 | 姓名 | 学号 | 成绩 | 21 |

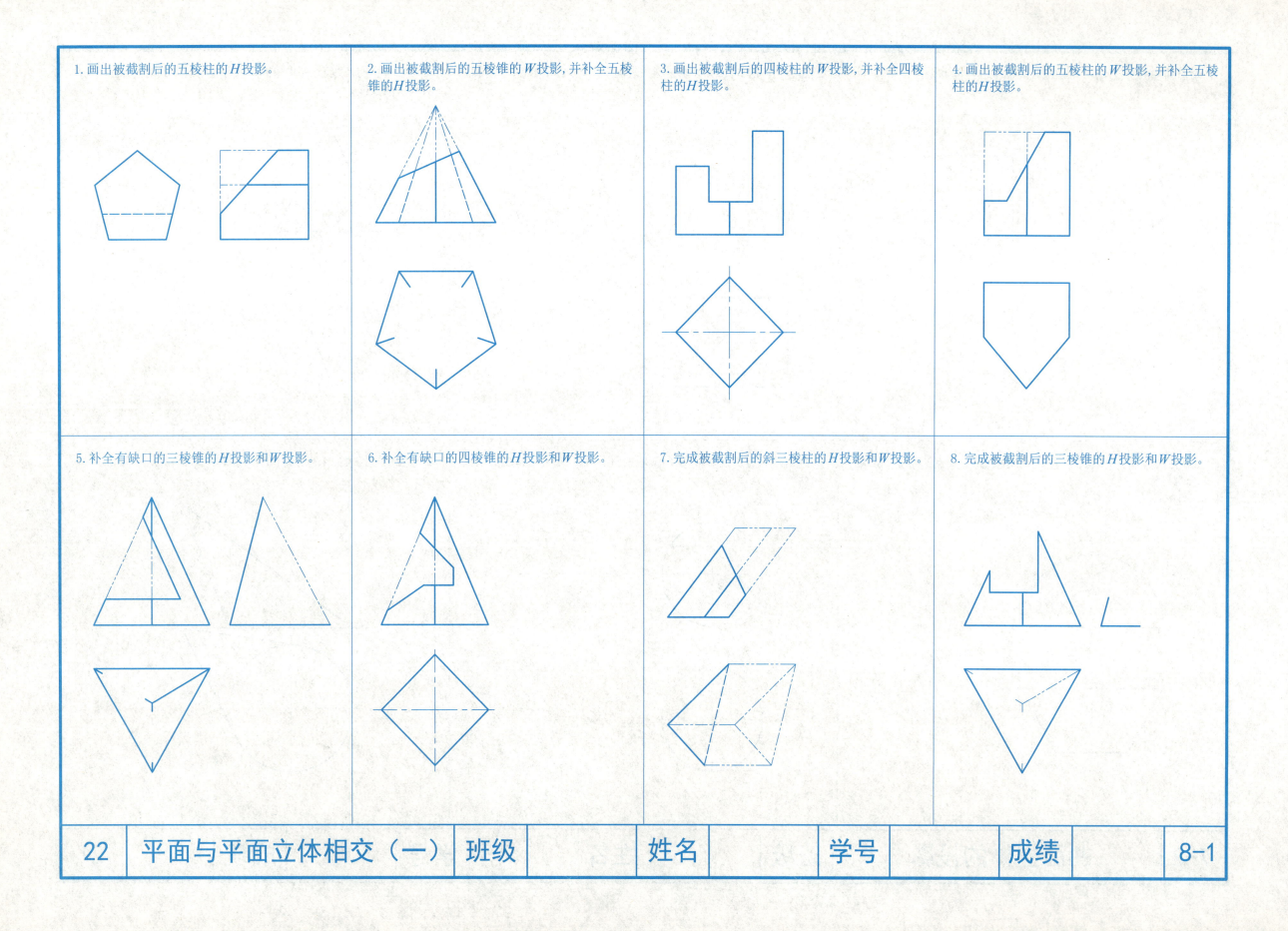

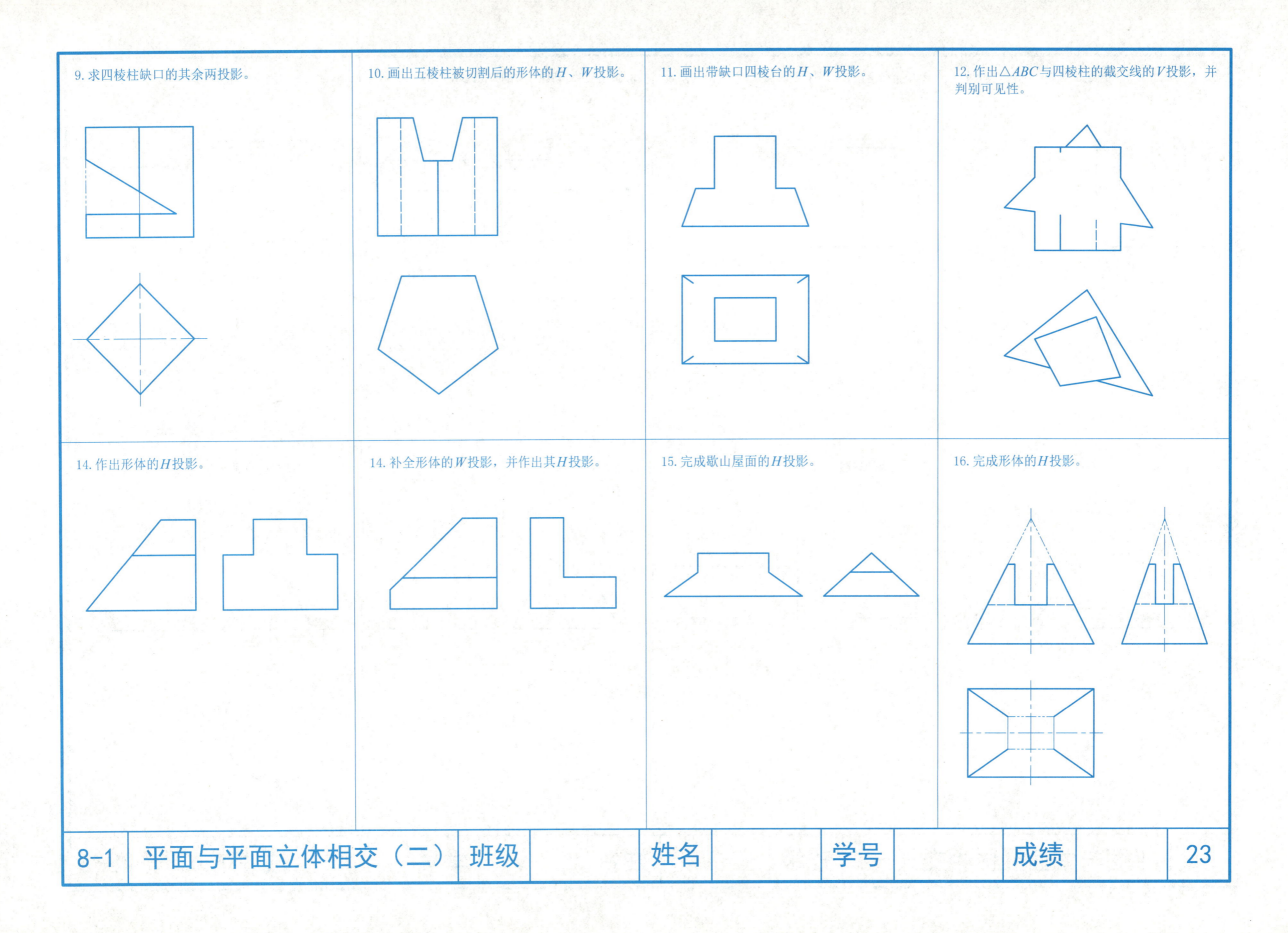

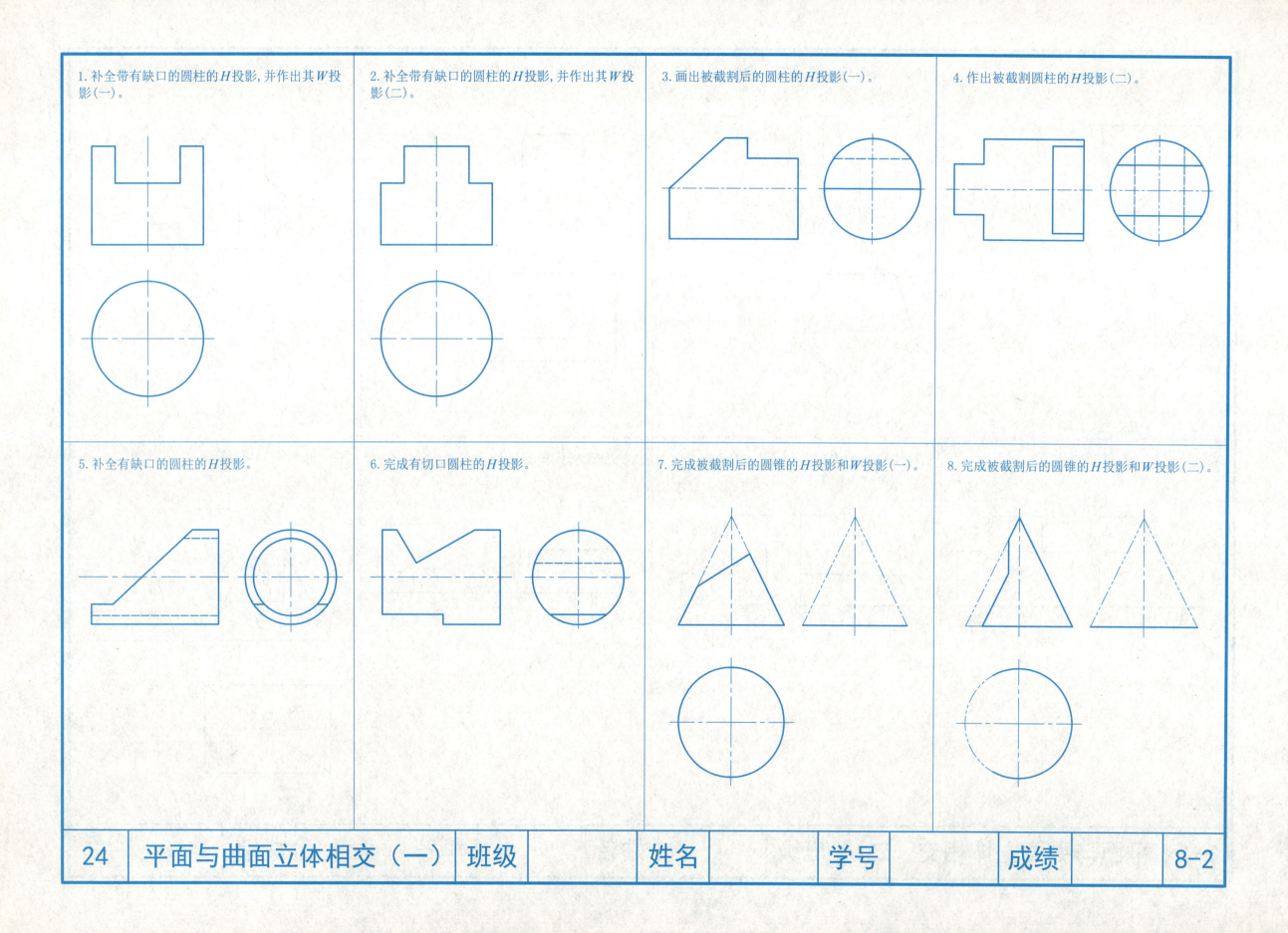

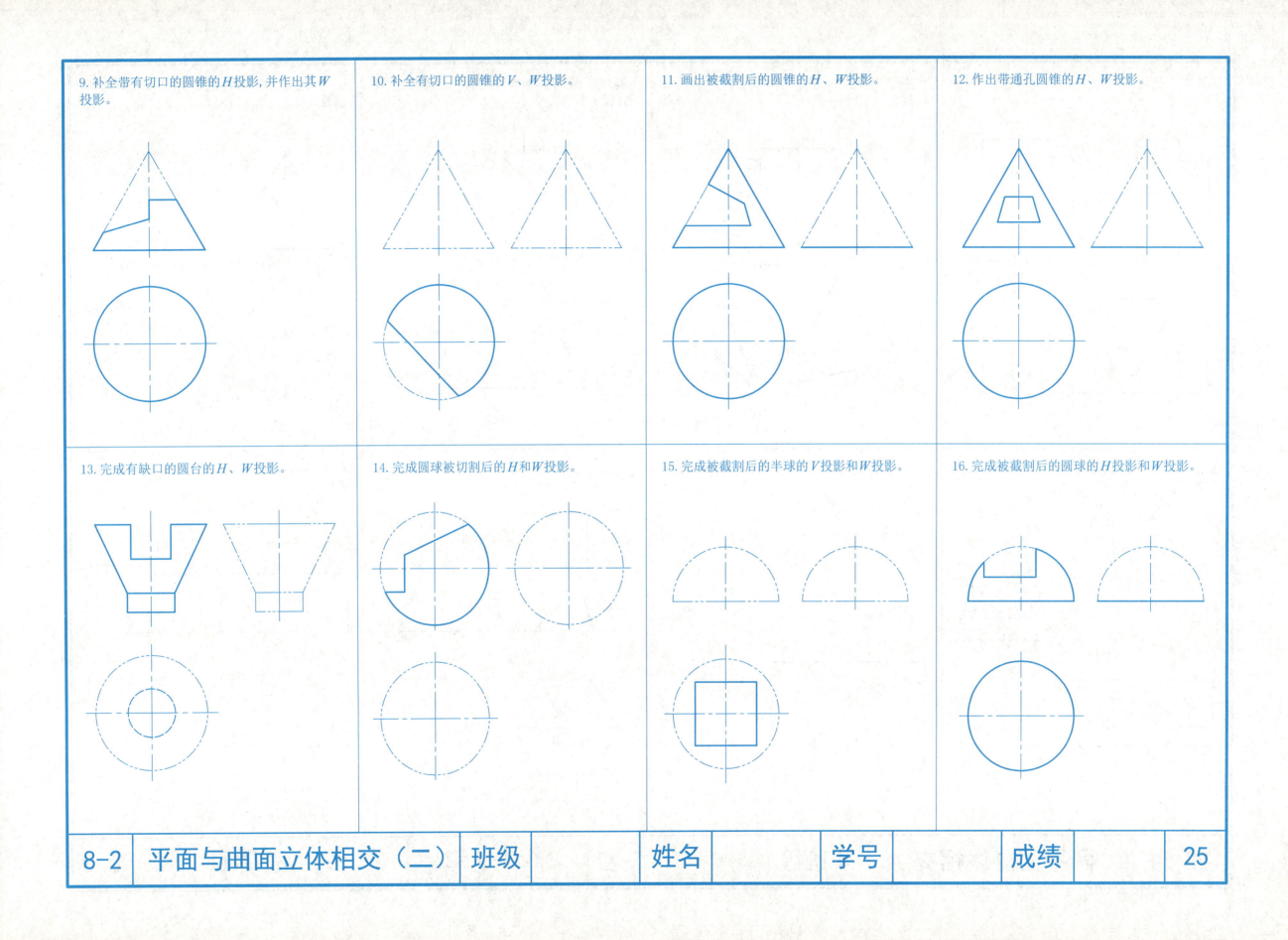

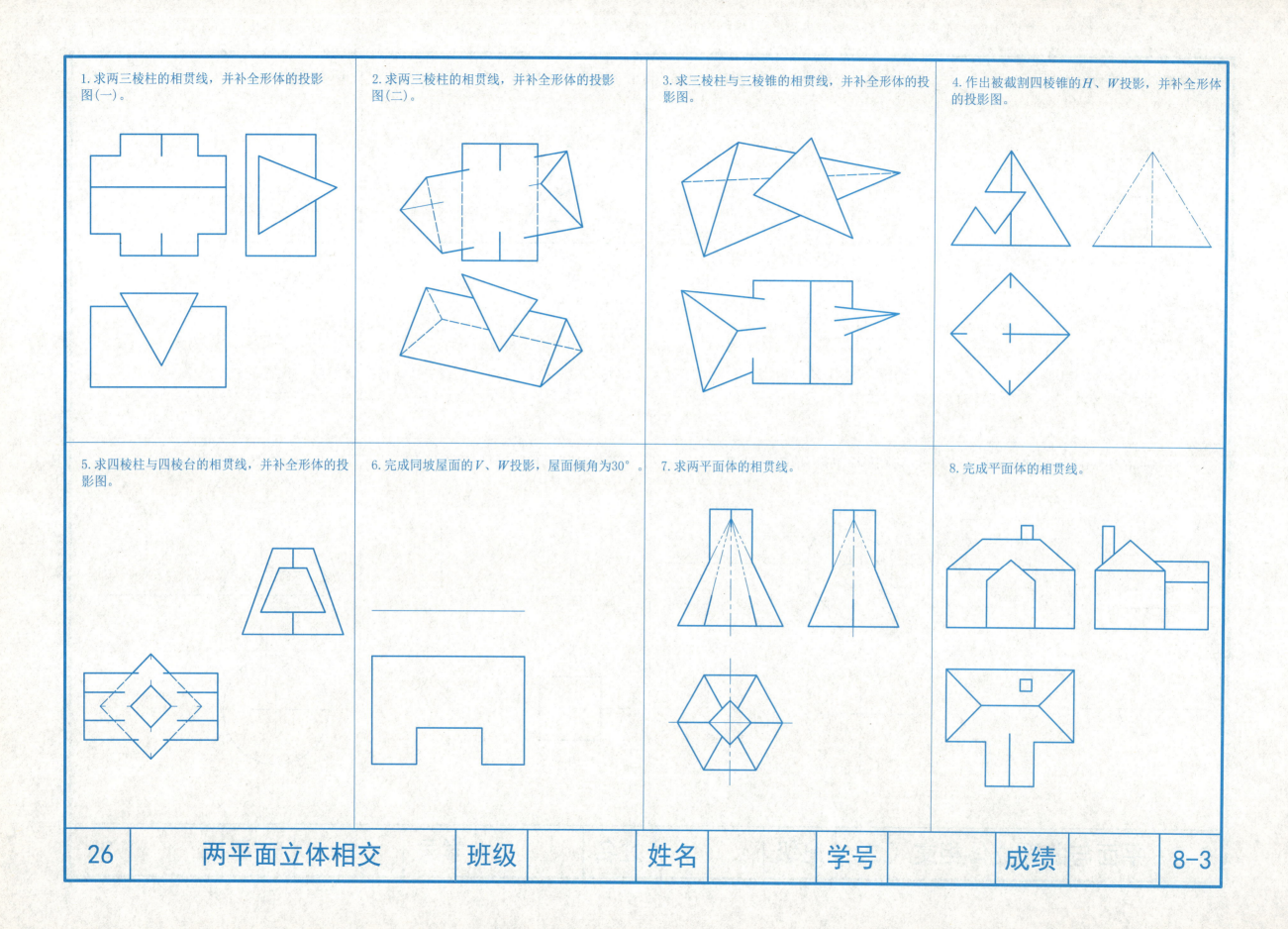

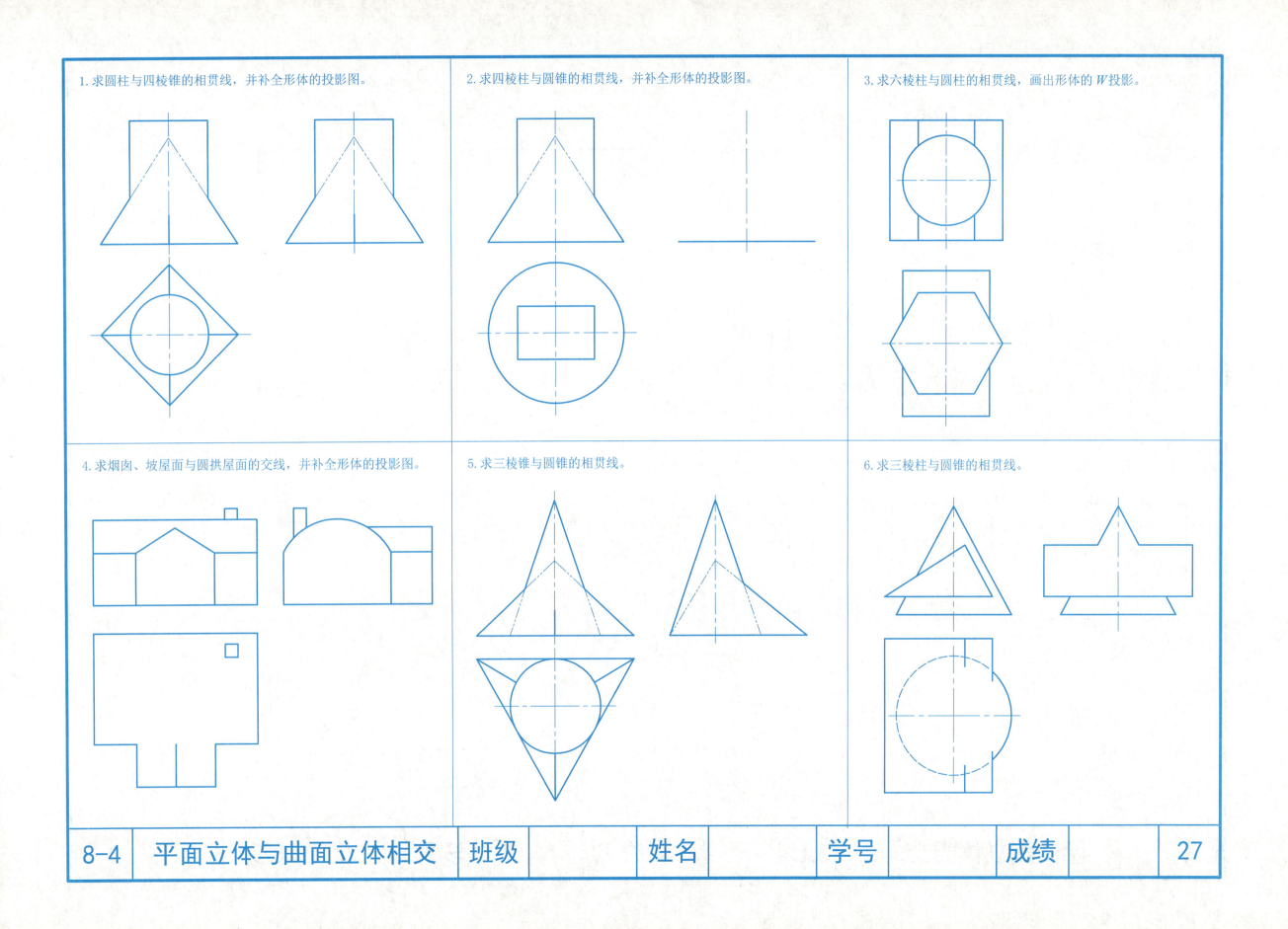

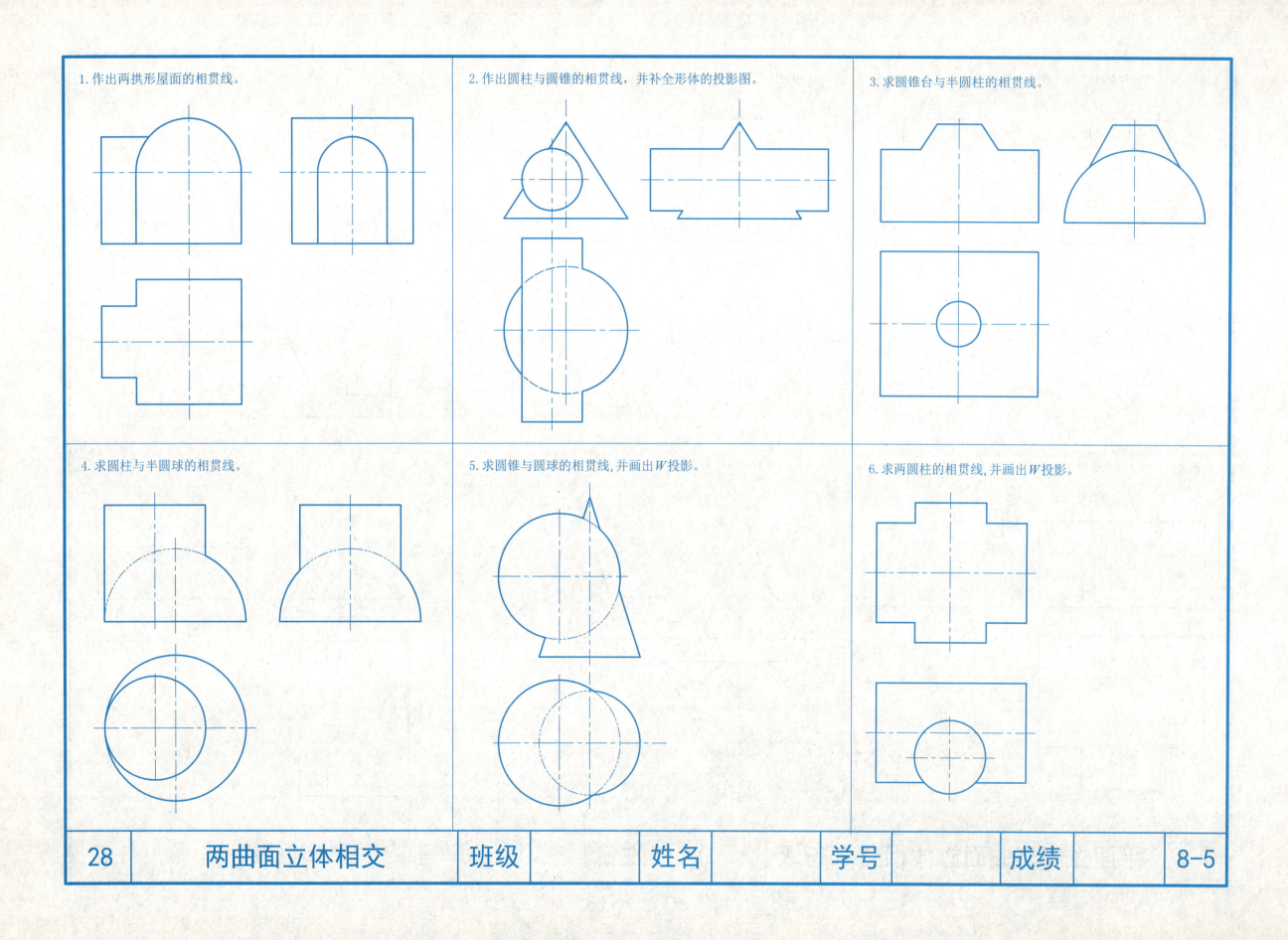

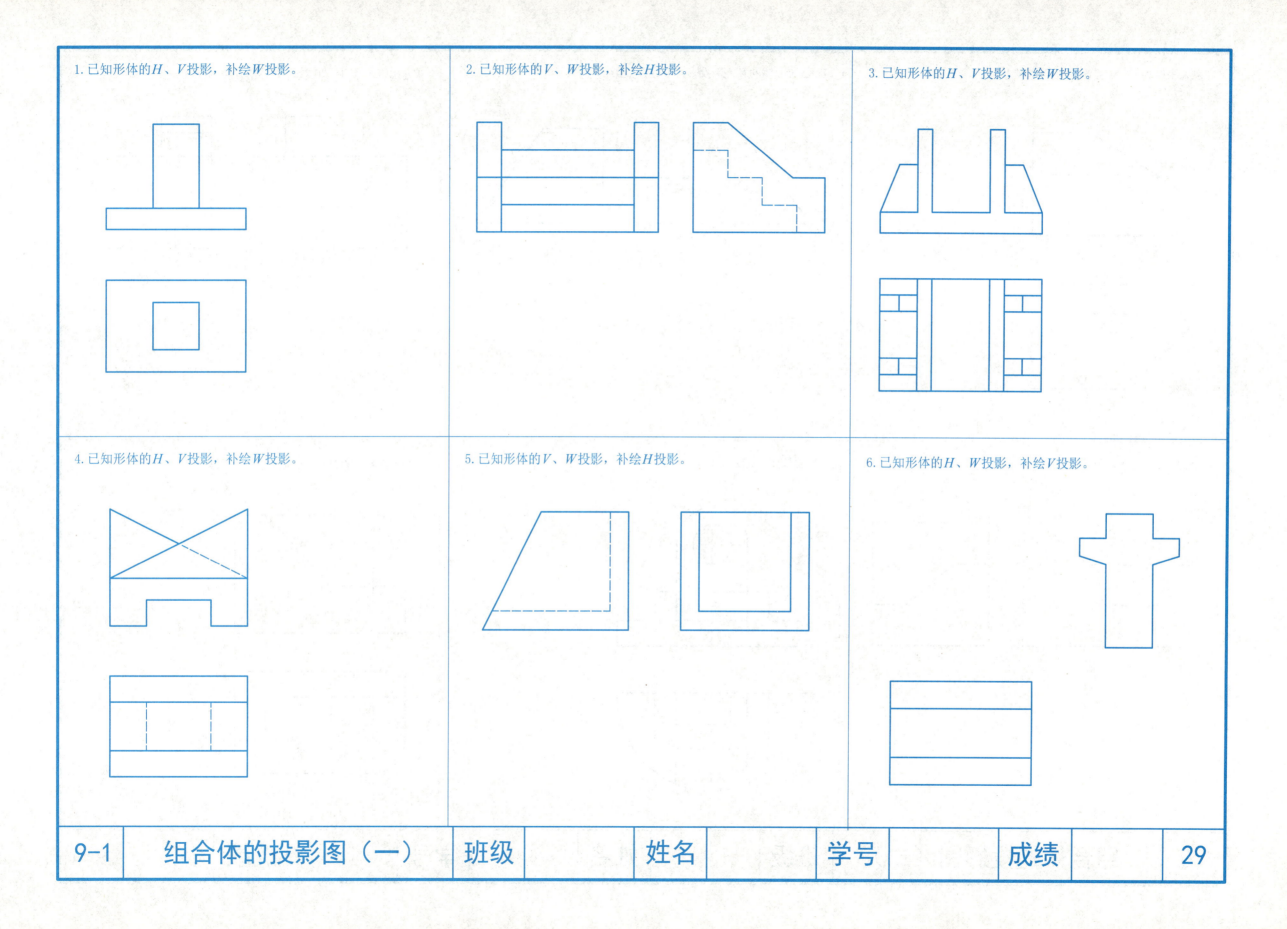

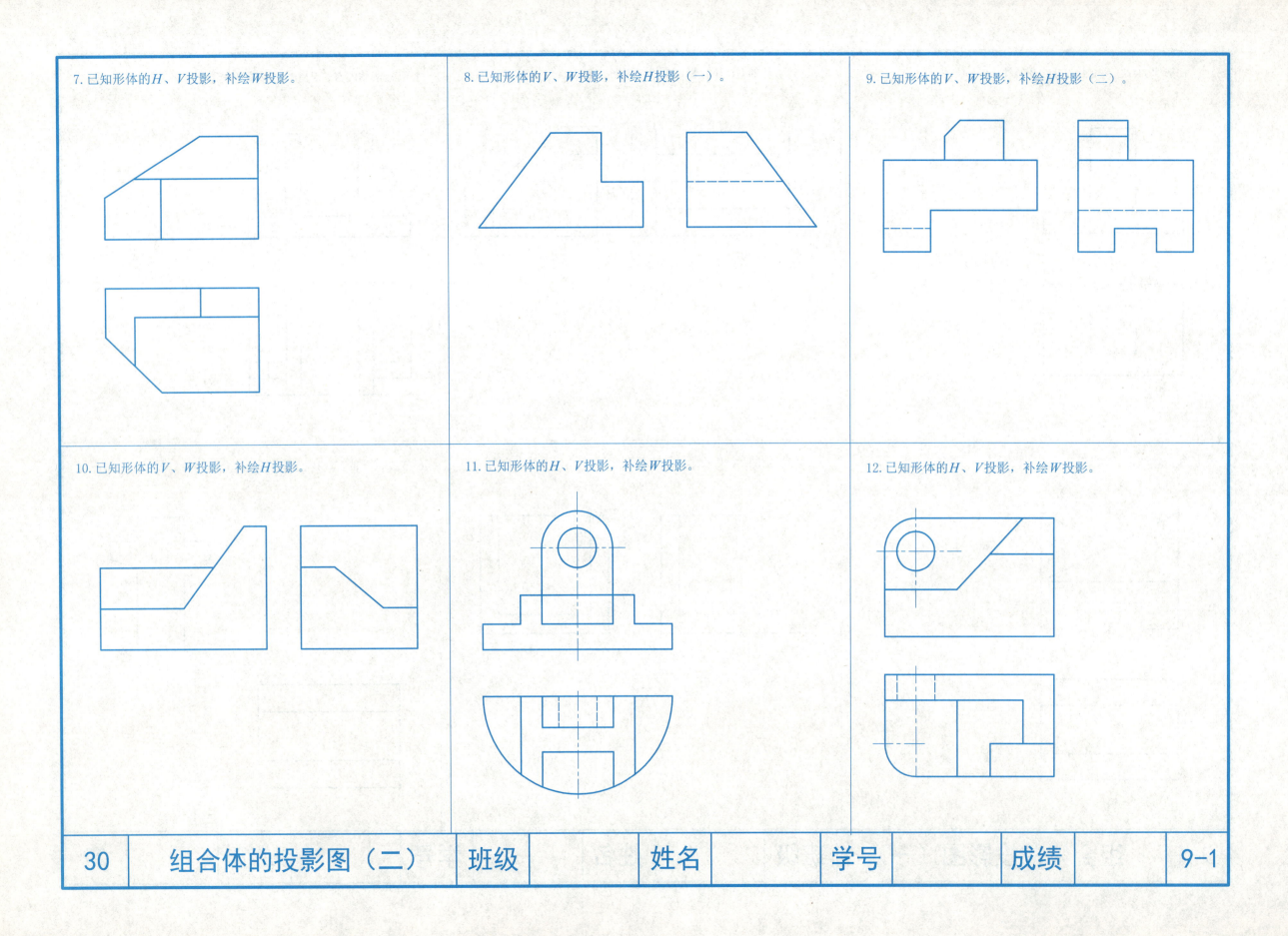

作业要求：

一、作业目的
1. 熟悉正投影法原理，掌握用投影图表达组合体的画法。
2. 掌握组合体的尺寸标注。

二、作业图纸
A2幅面绘图纸，铅笔（墨线笔）加深。

三、图名
组合体的投影图

四、作业内容
用适当的比例画出任意两个组合体的三面投影图，并标注尺寸。

五、注意事项
1. 先画底稿，经过检查无误后，方可加深图线，标注尺寸。
2. 画底稿时，应合理布置各个投影图的位置，要留出标注尺寸的位置。
3. 图线、字体、尺寸标注等要符合国家有关标准。

| 9-2 | 根据轴测图画投影图 | 班级 | 姓名 | 学号 | 成绩 | 31 |

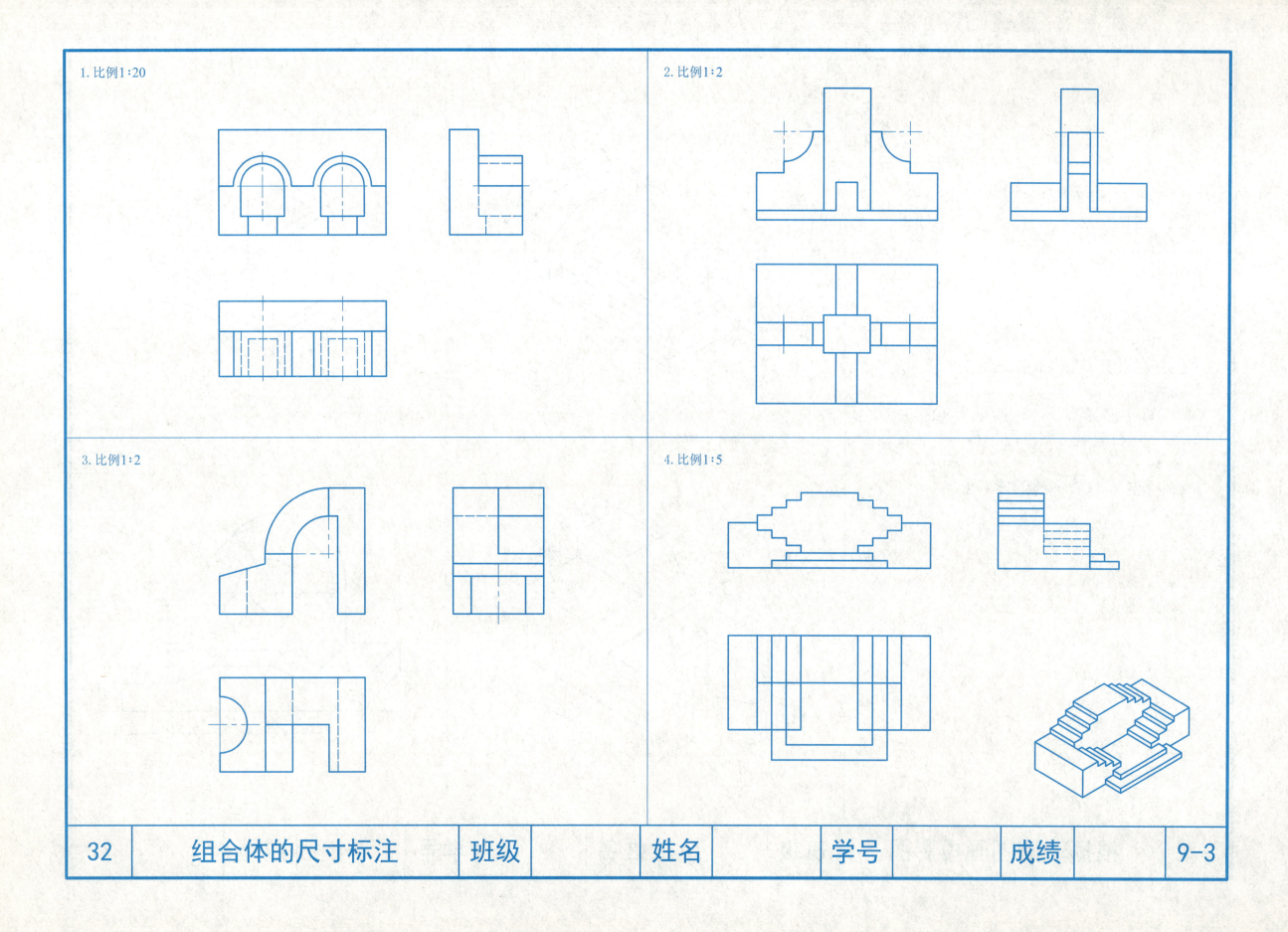

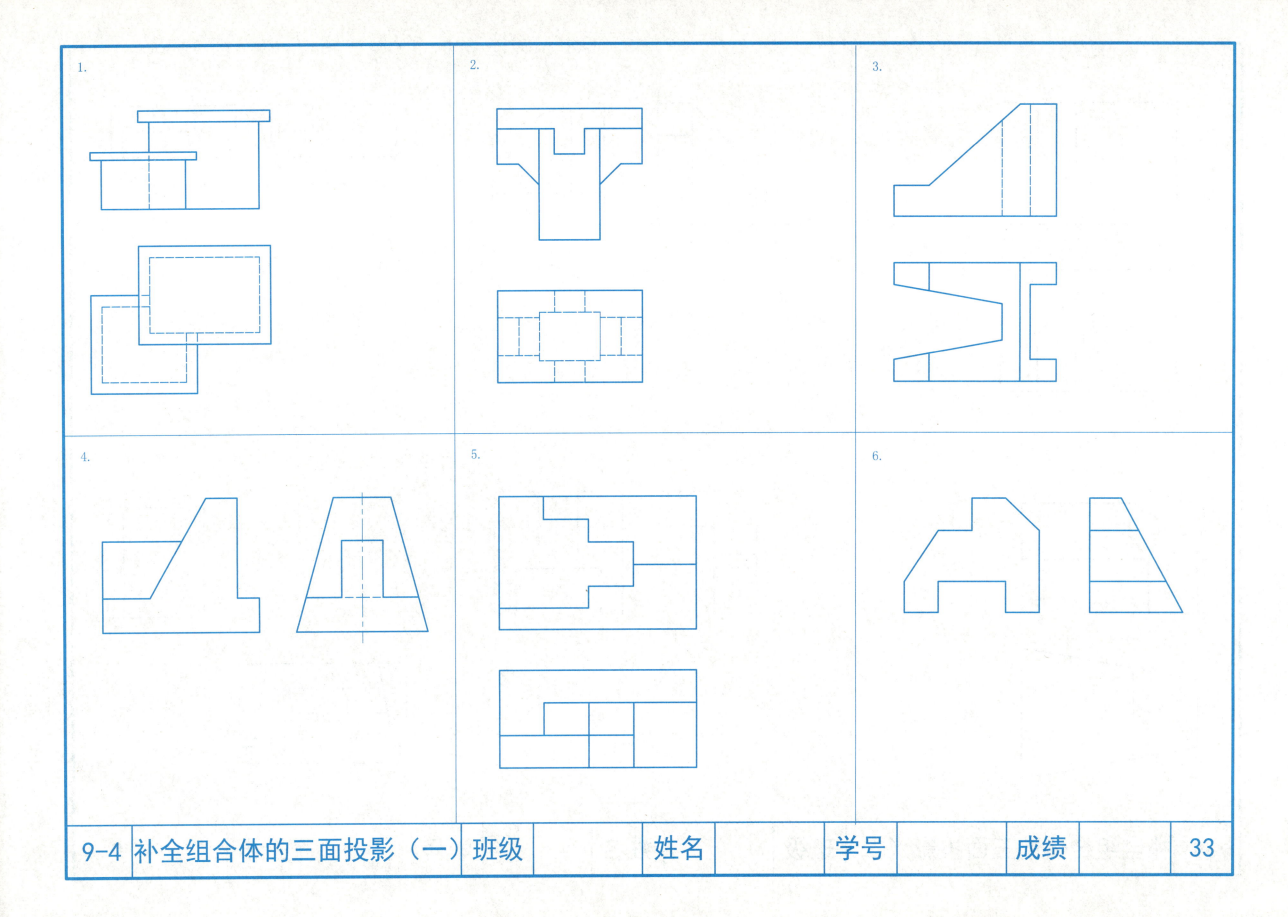

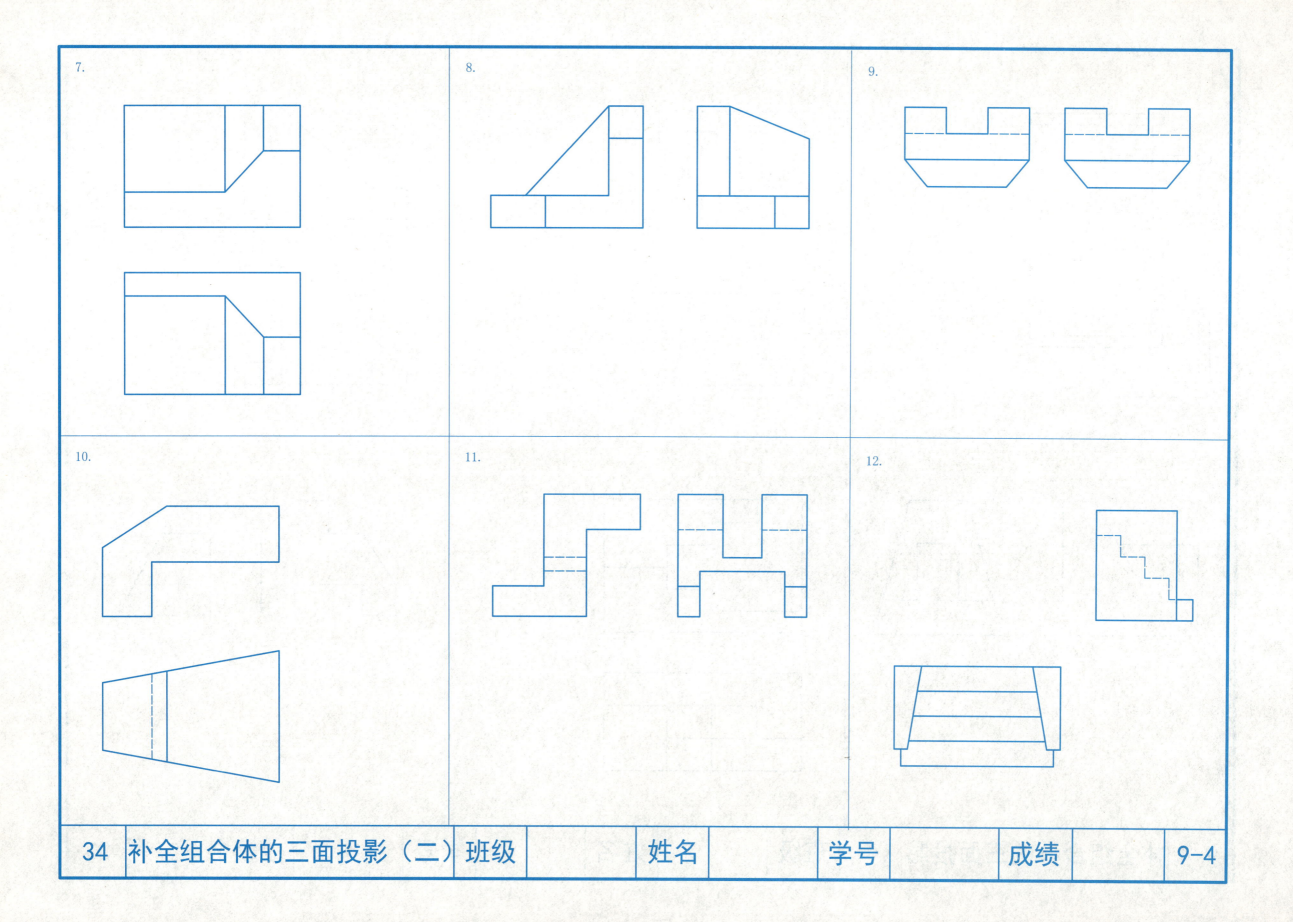

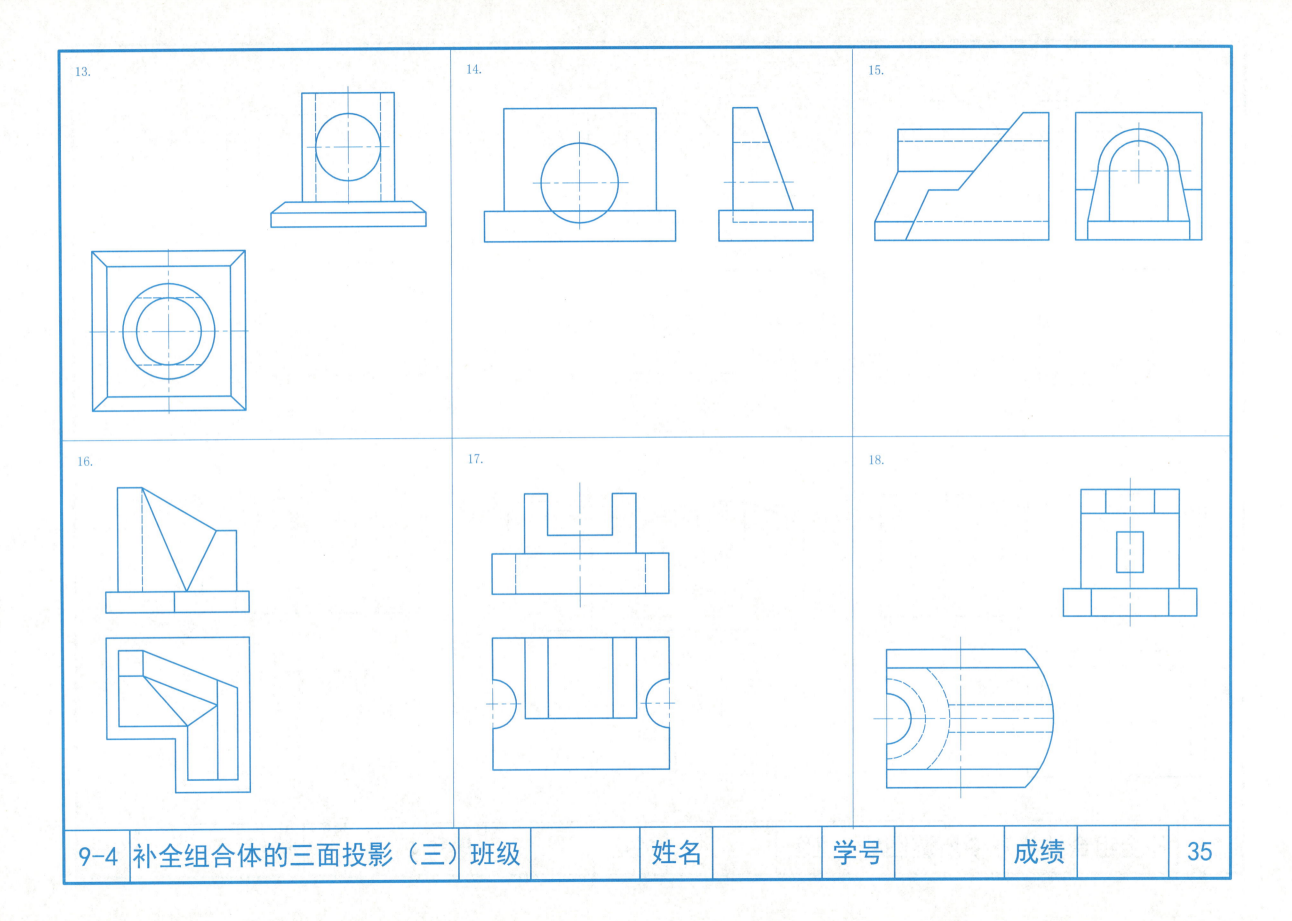

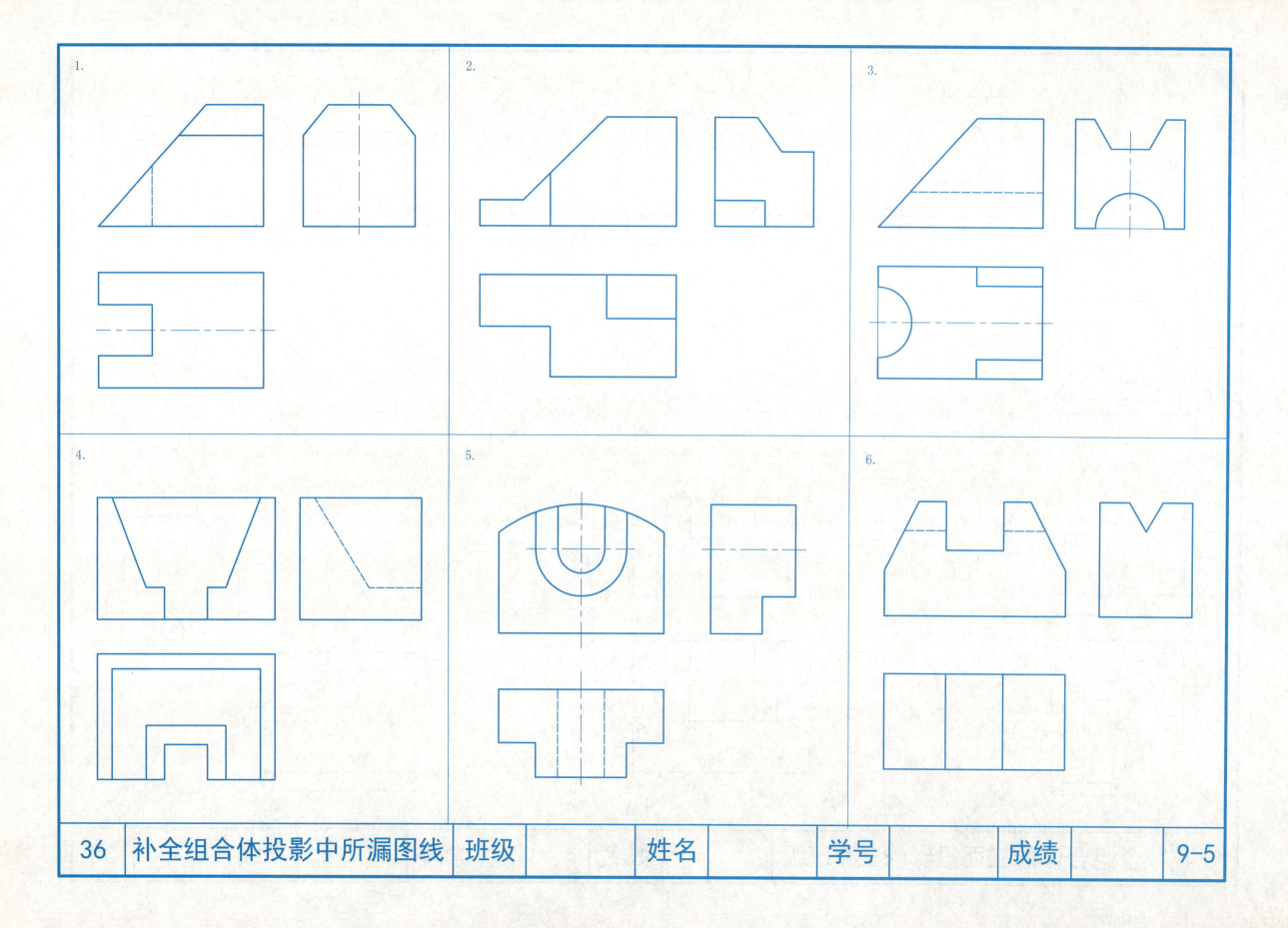

1. 根据形体的 V 投影，构思出两种不同的形体，并补全其余两投影。

2. 根据形体的 H 投影，构思出两种不同的形体，并补全其余两投影。

3. 根据形体的 W 投影，构思出两种不同的形体，并补全其余两投影。

4. 根据形体的 V、W 投影，构思出两种不同的形体，并补全 H 两投影。

| 9-6 | 组合体的构思 | 班级 | | 姓名 | | 学号 | | 成绩 | | 37 |

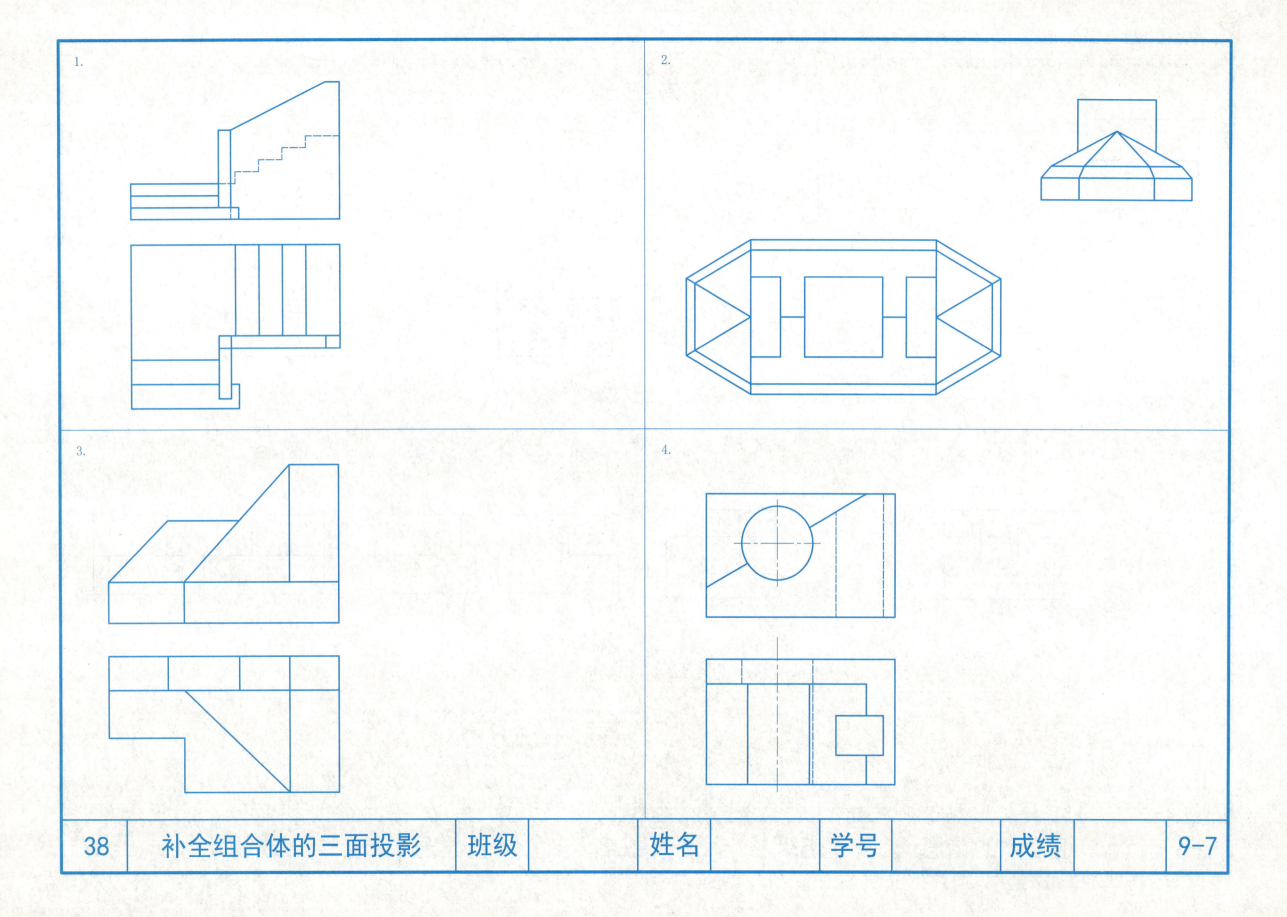

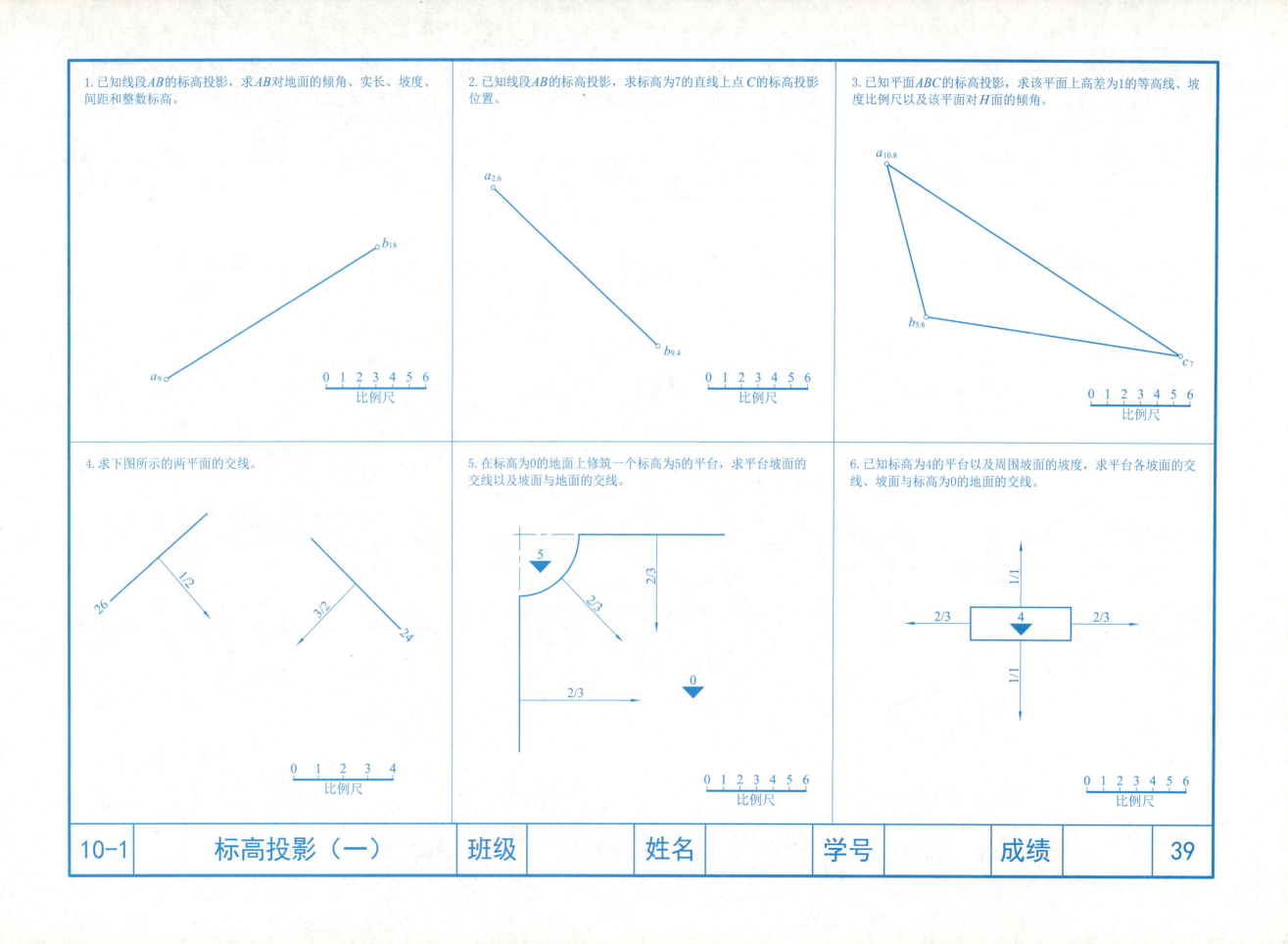

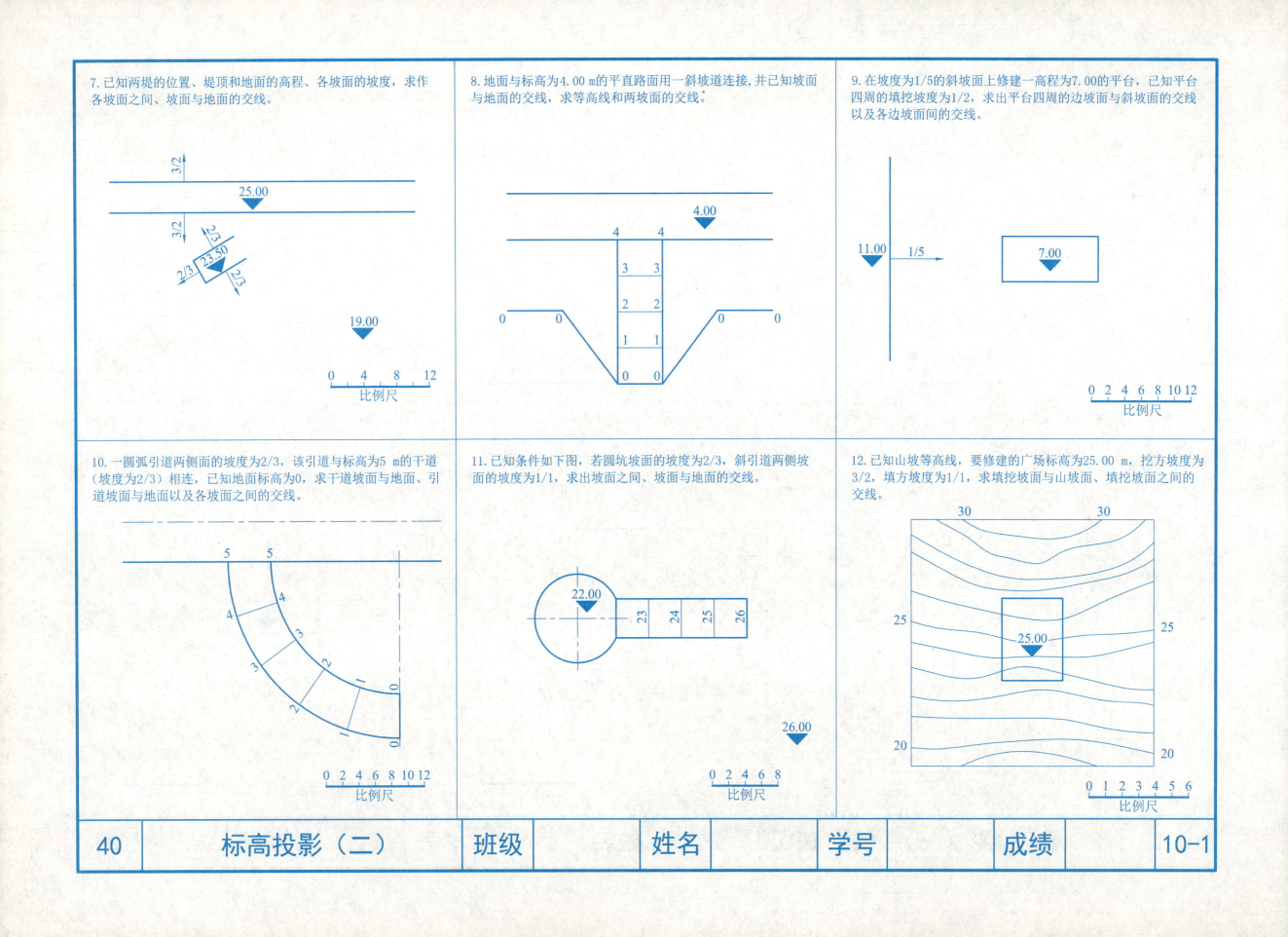

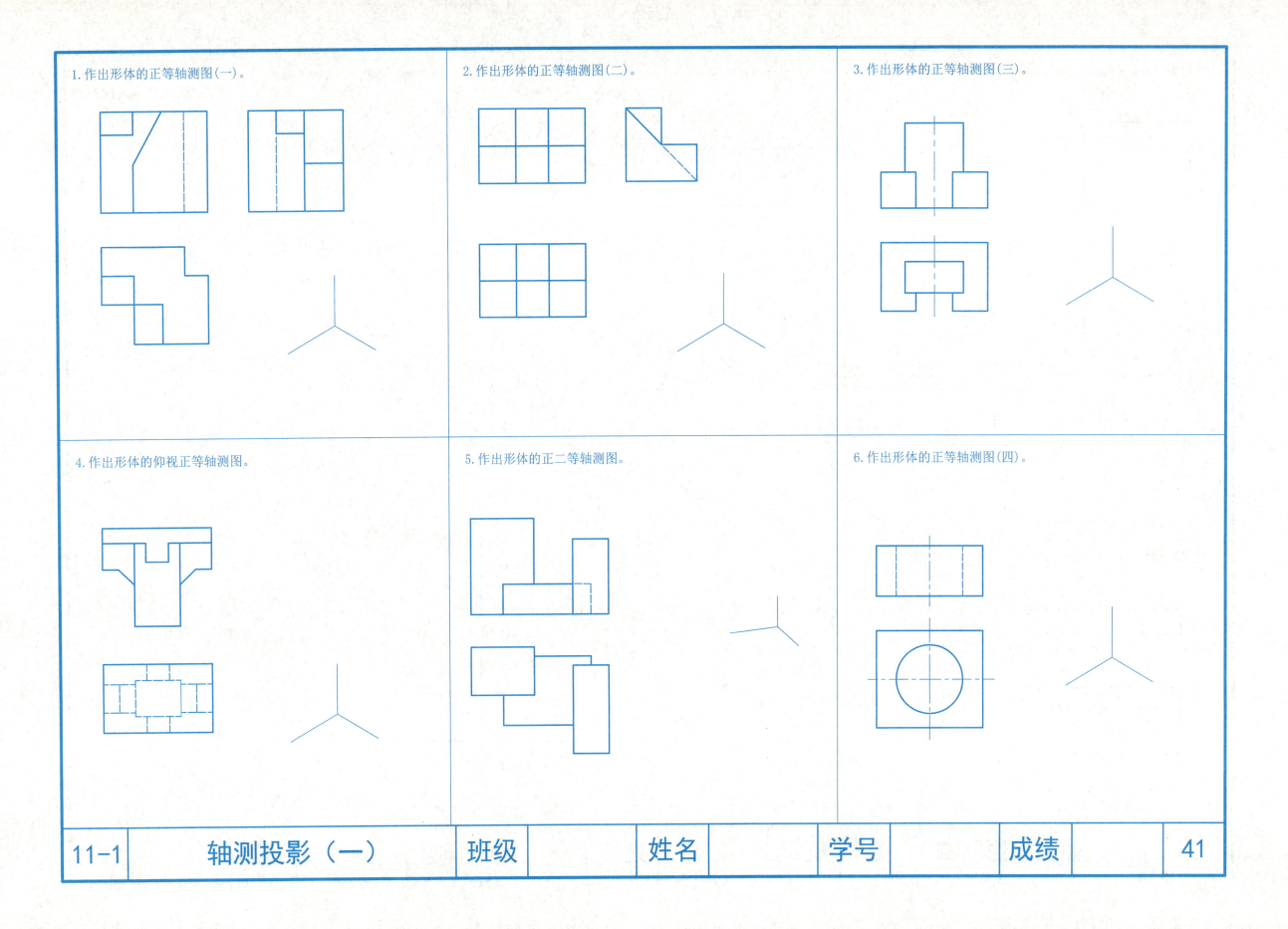

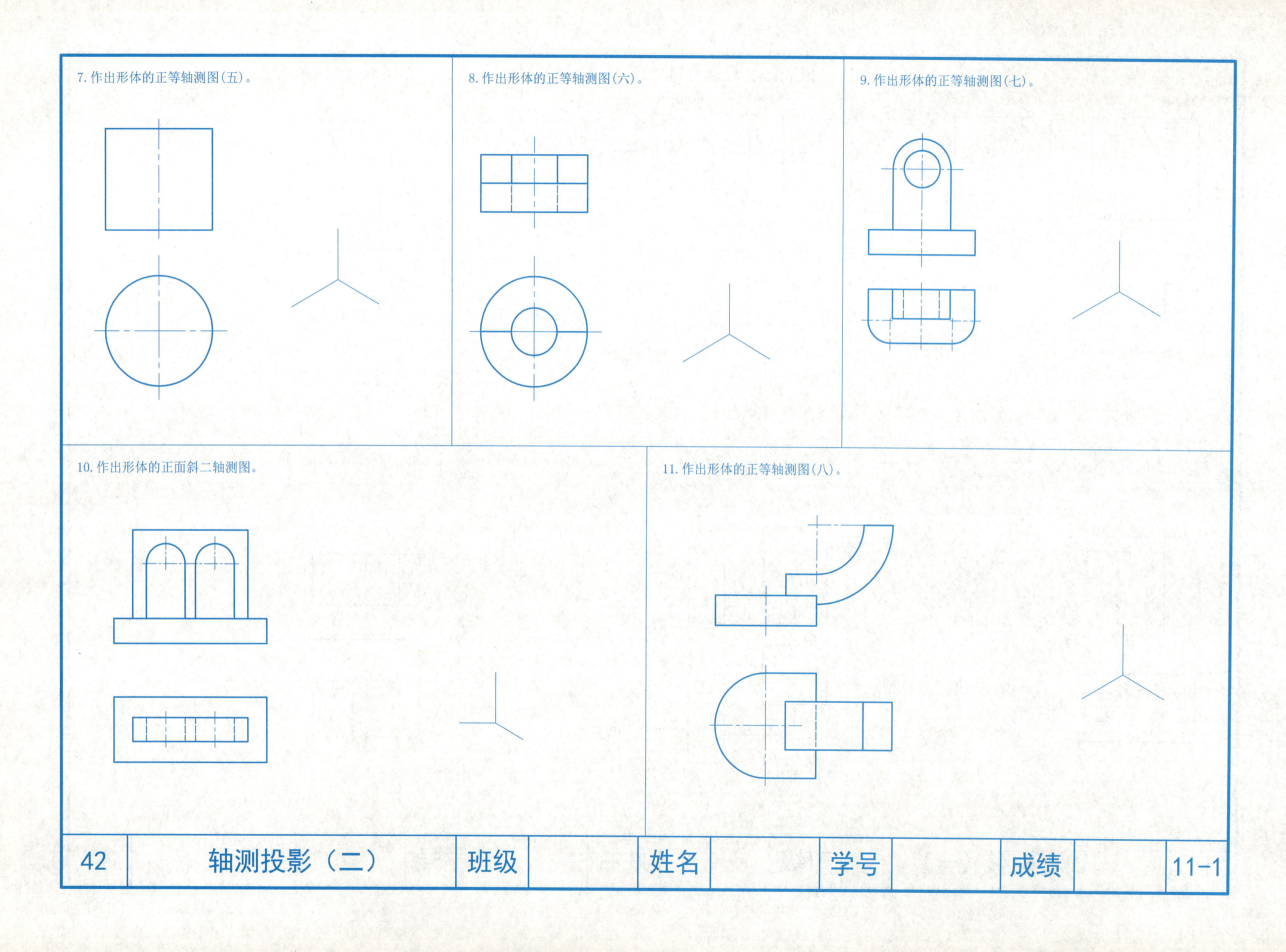

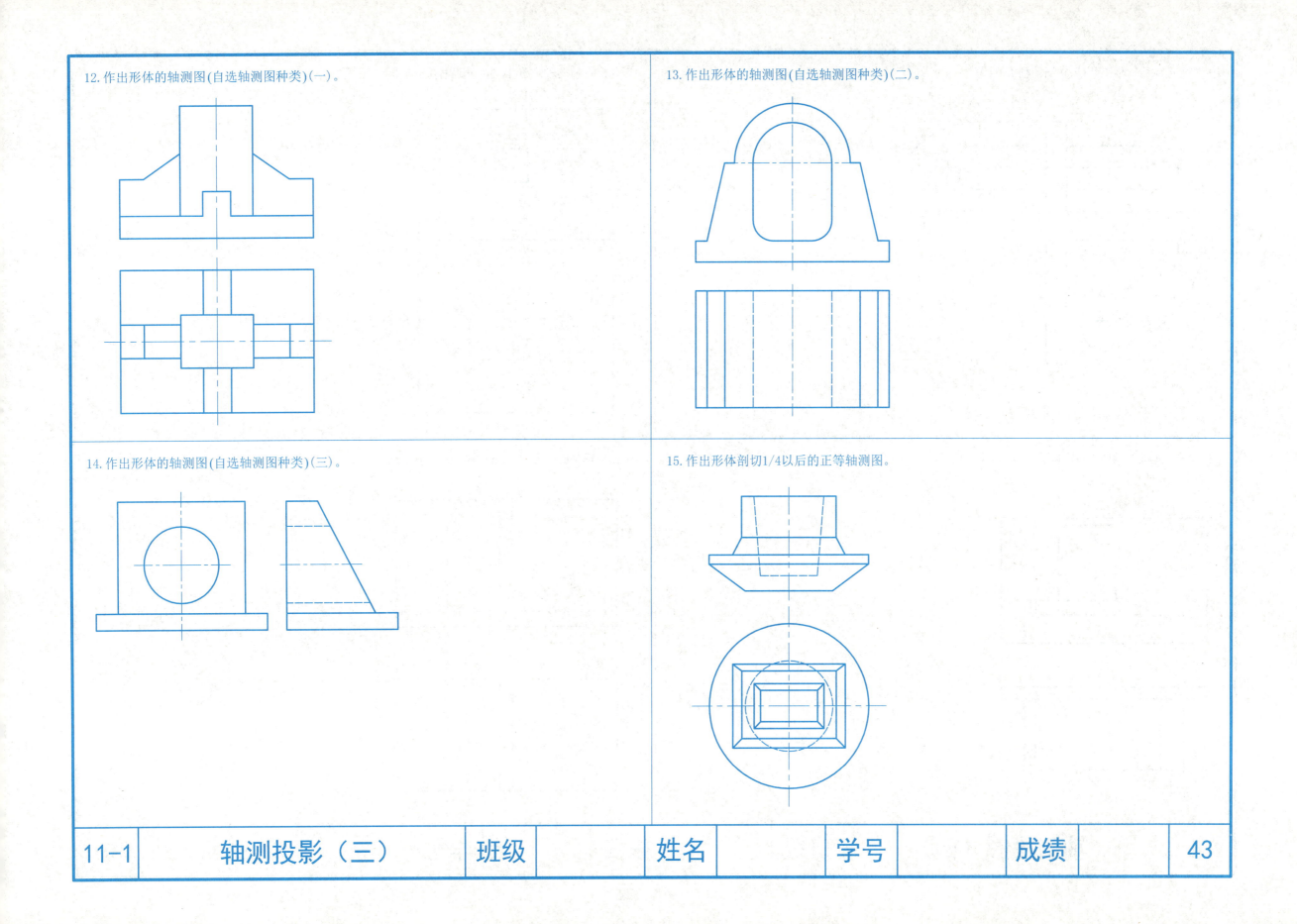

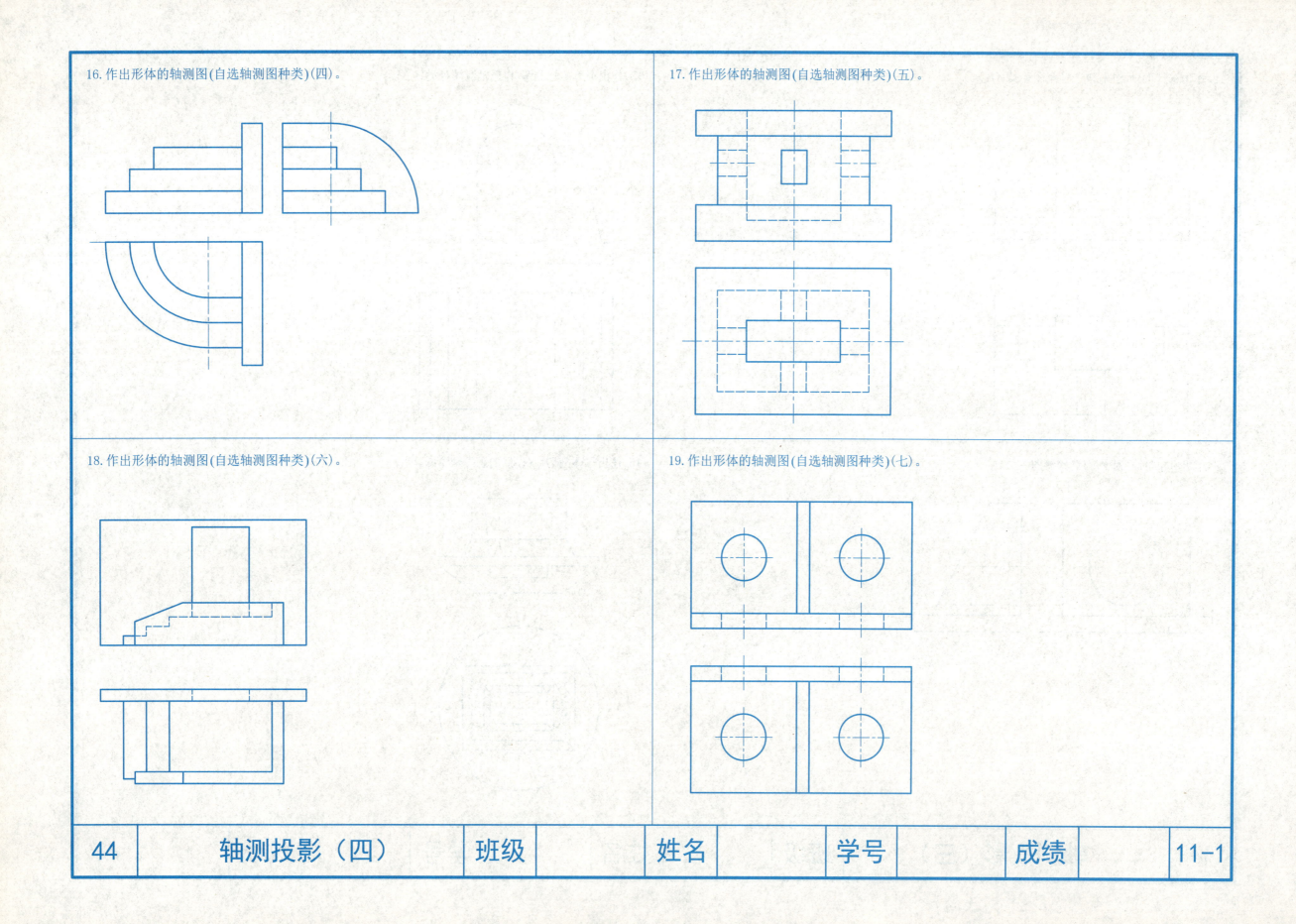

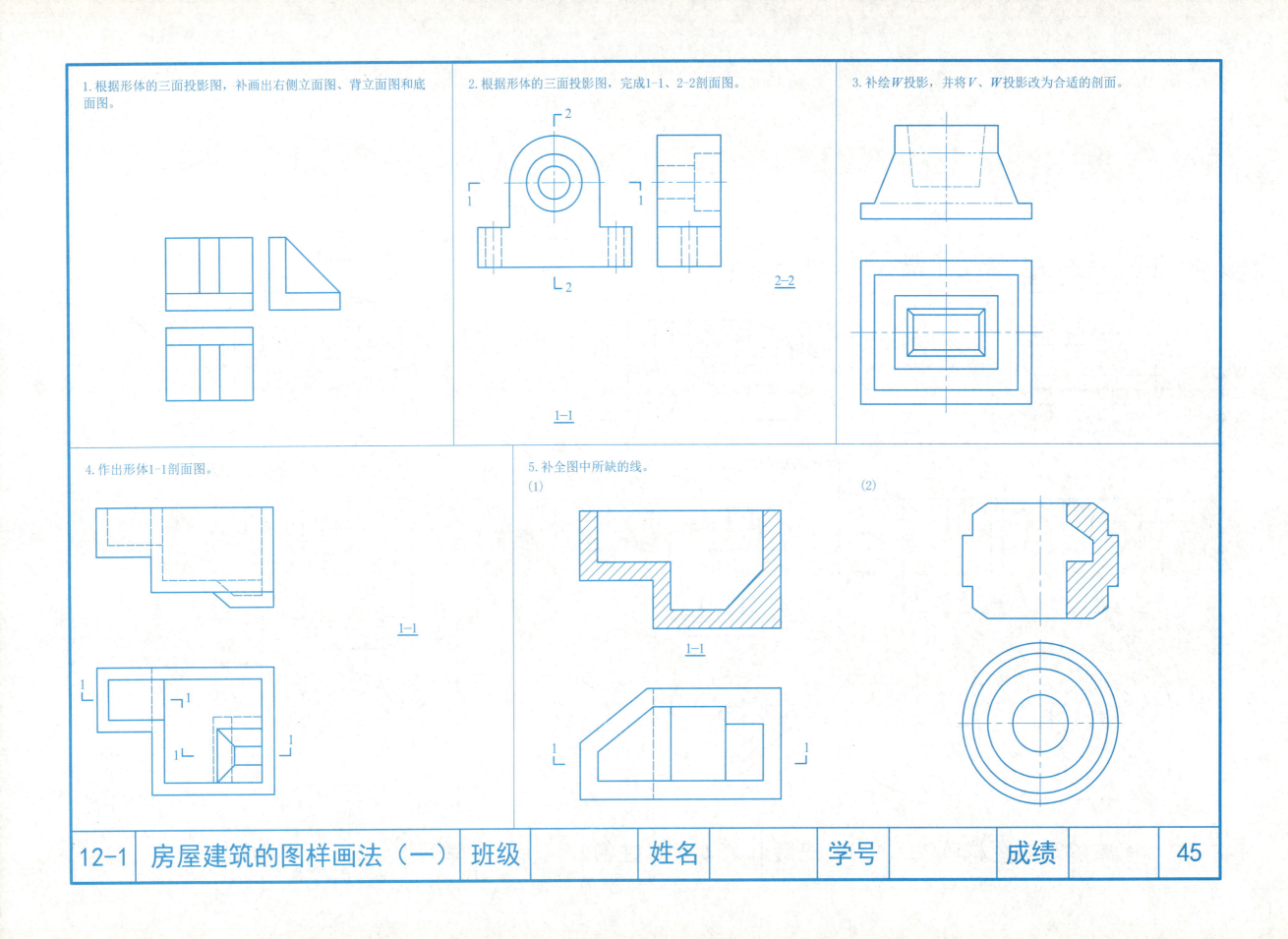

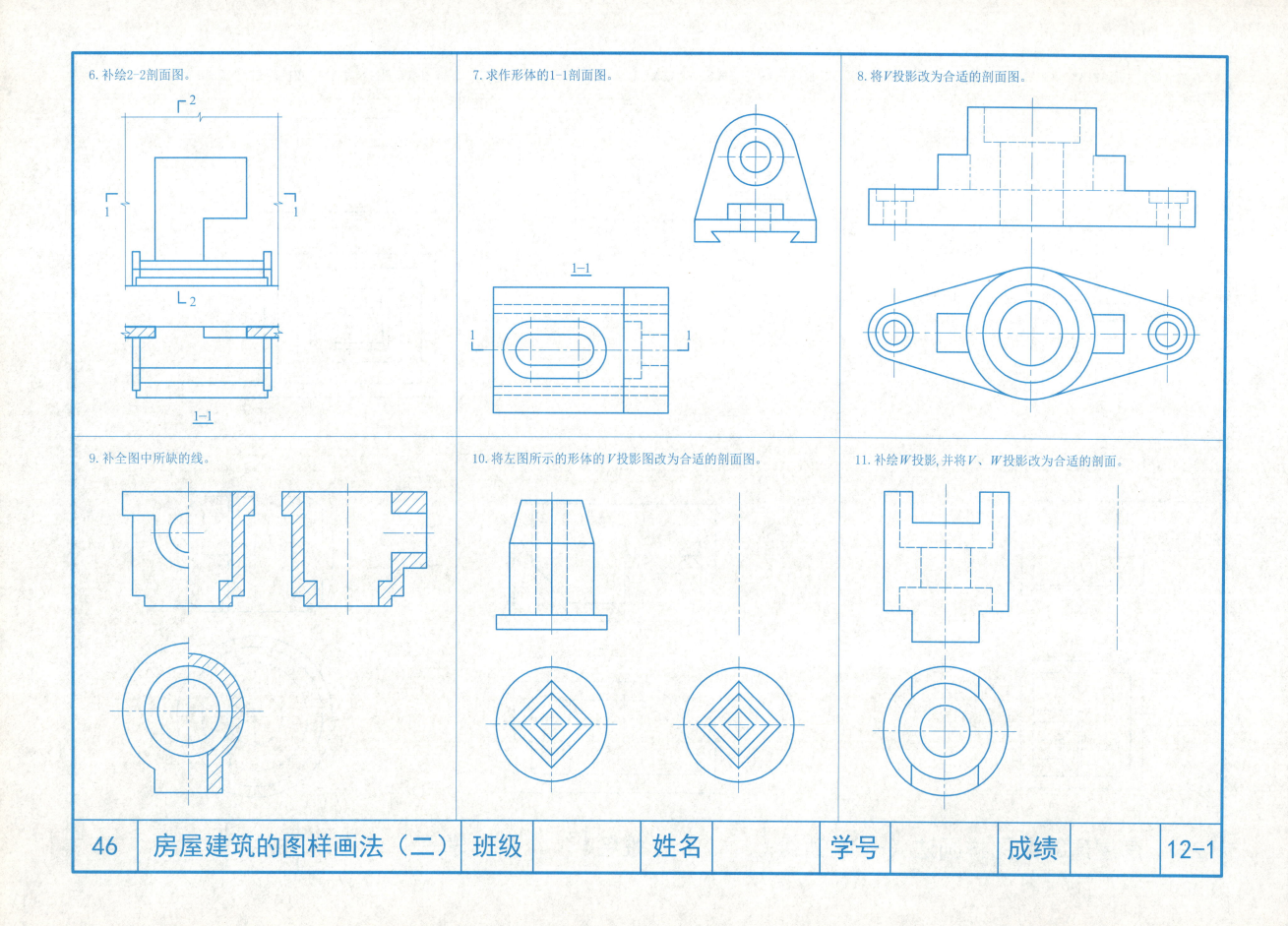

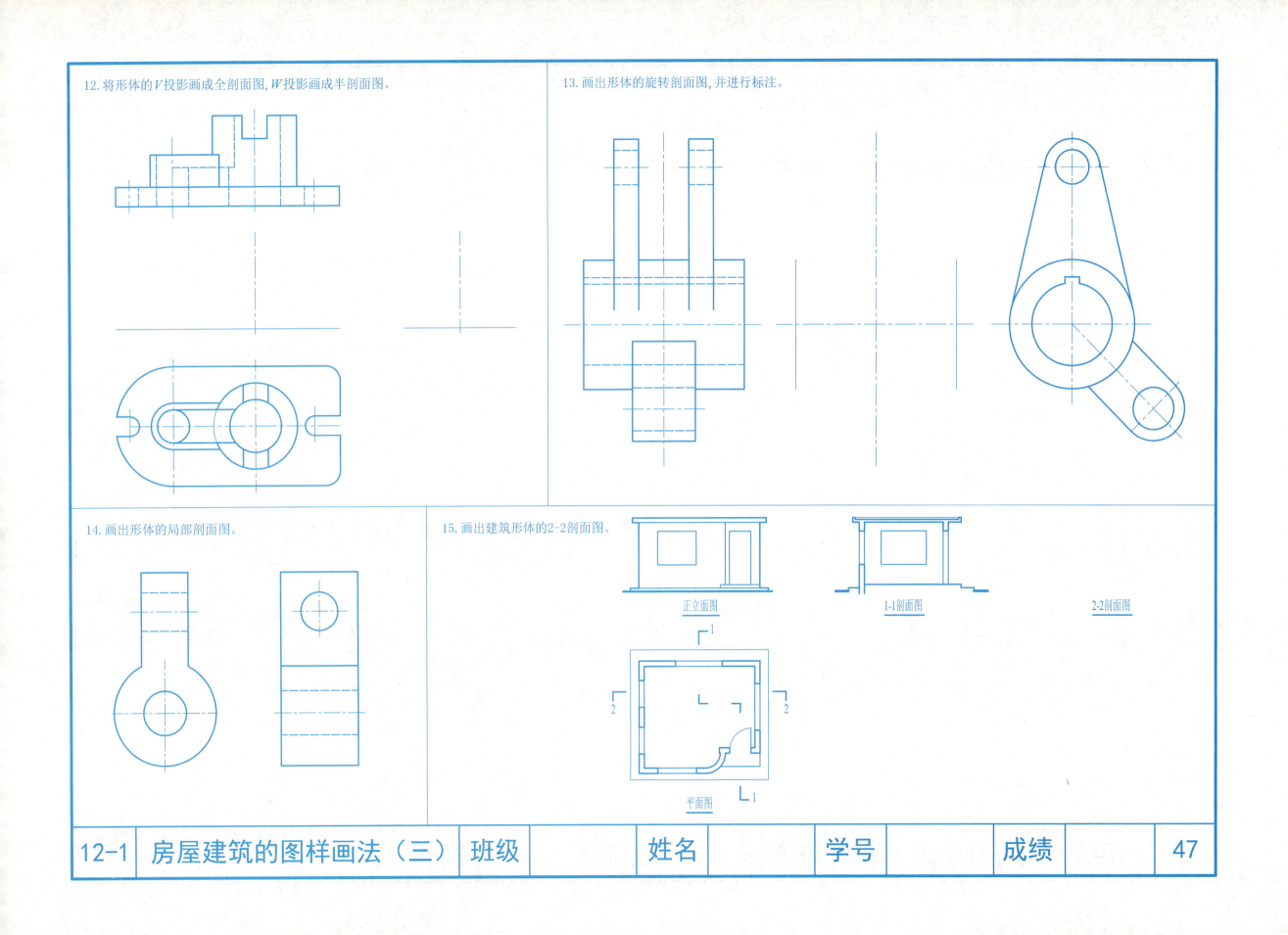

16. 根据下面的两个图，在给定的位置绘出2-2剖面图，3-3、4-4、5-5断面图（实际量取尺寸放大3倍），在第49页绘出该建筑形体的仰视正等测图。注意：在构件断面处应画出材料图例。

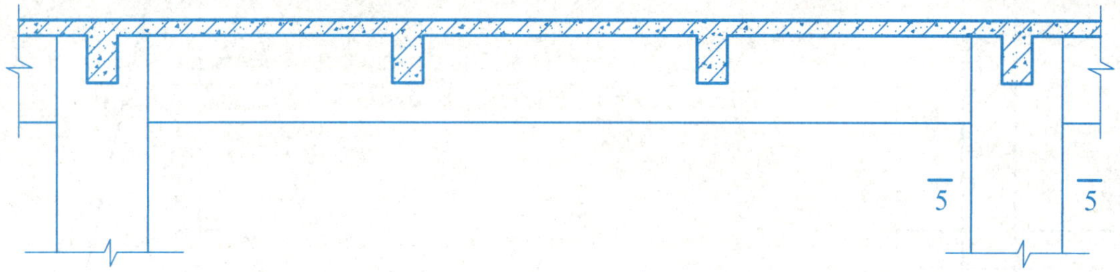

1-1

2-2

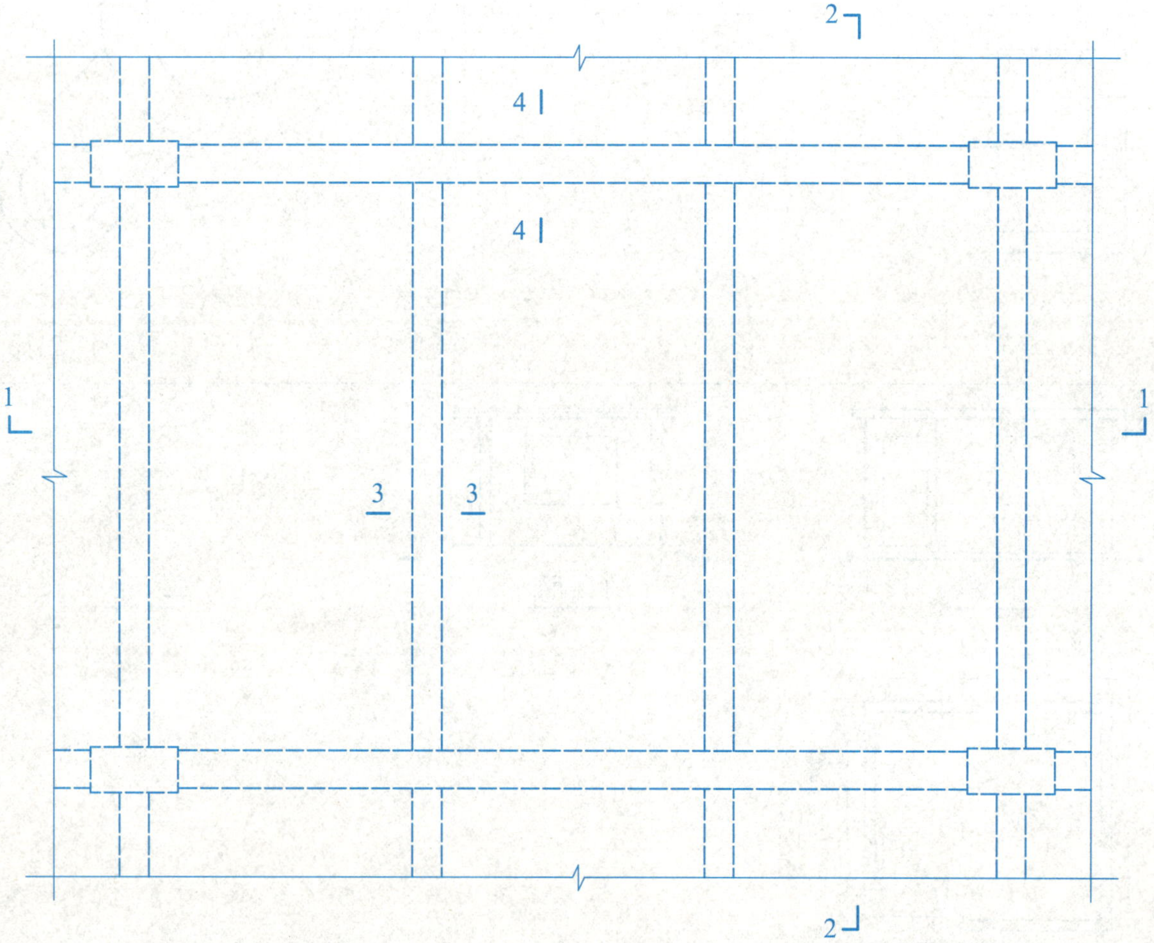

3-3   4-4   5-5

| 48 | 房屋建筑的图样画法（四） | 班级 | 姓名 | 学号 | 成绩 | 12-1 |

本页绘制第48页16题的仰视正等测图。

| 12-1 | 房屋建筑的图样画法（五） | 班级 | | 姓名 | | 学号 | | 成绩 | | 49 |

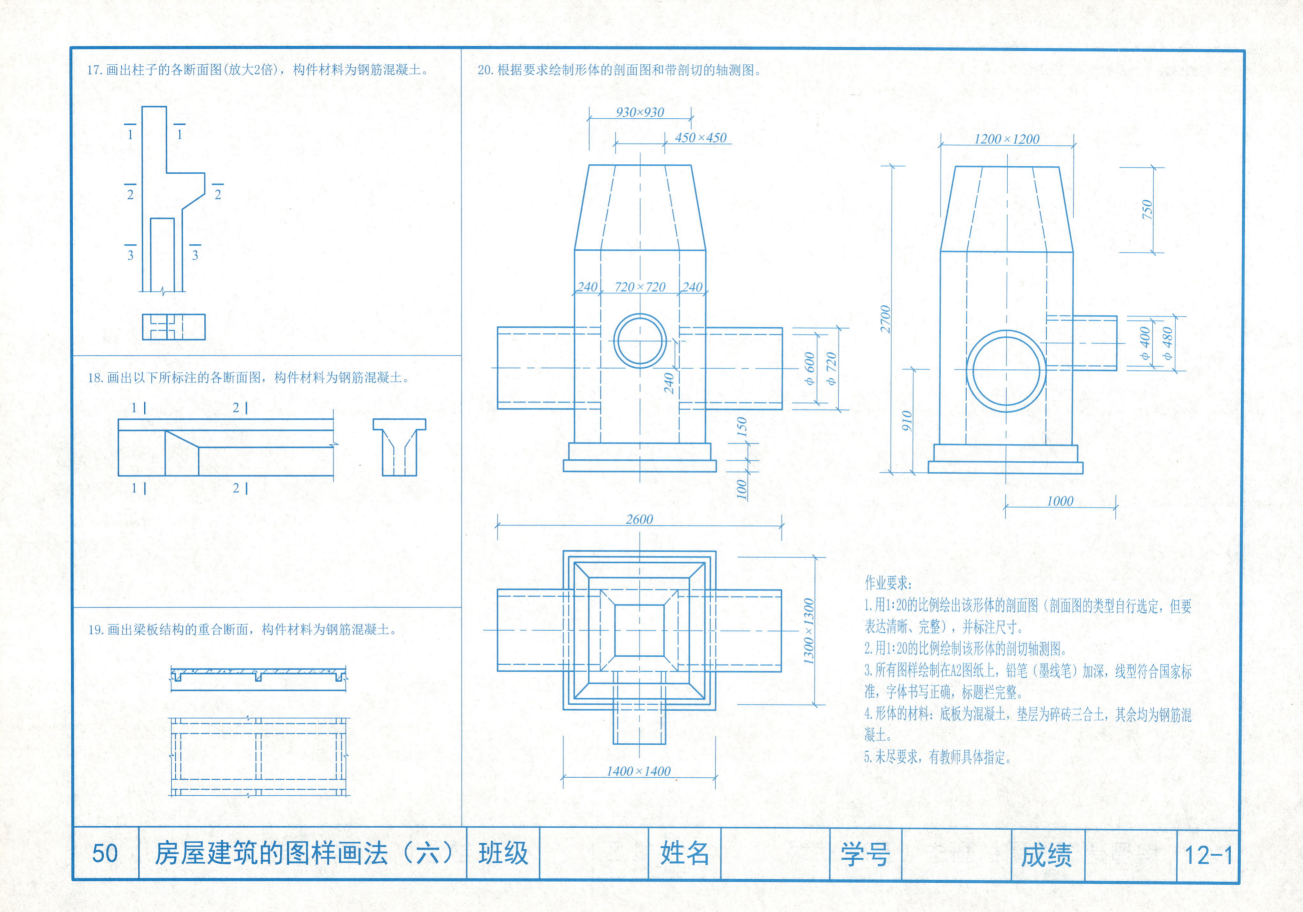

1. 填空题

(1) 各种不同功能的房屋建筑，一般都是由_____、_____、_____、_____、_____、_____等基本部分所组成。

(2) 房屋的建造一般经过设计和施工两个过程，而设计工作一般又分为三个阶段：_____、_____和_____。

(3) 施工图由于专业分工的不同，可分为_____。

(4) 建筑施工图（简称建施）主要表示建筑物_____的图样。一般包括_____等图样。

(5) 施工图设计的四个特点是：_____。

(6) 自2002年3月1日起施行的六项国家标准是《_____》（GB/T50001—2001）、《_____》（GB/T50103—2001）、《_____》（GB/T50104—2001）、《_____》（GB/T50105—2001）、《_____》（GB/T50106—2001）、《_____》（GB/T50114—2001）。

(7) 定位轴线应用_____绘制，定位轴线一般应编号，编号注写在_____，圆应用_____绘制，直径为_____mm，定位轴线圆的圆心，应在_____。

(8) 标高数字应以_____为单位，注写到小数点以后第___位，在总平面图中，可注写到小数点后第___位。_____标高是以青岛附近的黄海平均海平面为零点，以此为基准的标高；___标高是以建筑物室内底层主要地坪为零点，以此为基准点的标高；_____标高是构件包括粉饰层在内的、装修完成后的标高；_____标高不包括构件表面的粉饰层厚度，是构件的毛面标高。

(9) 索引符号是由直径为____mm的圆和水平直径组成，圆及水平直径均应以_____绘制。索引符号需用一引出线指向要画详图的地方，引出线应对准_____。详图符号圆的直径为___mm，用_____绘制。

(10) 指北针圆的直径宜为____mm，用_____绘制；指针尾部的宽度宜为____mm，指针头部应注_____。需用较大直径绘制指北针时，指针尾部宽度宜为圆直径的_____。

(11) 总平面图是_____的总体布置图。它表明_____等情况，是_____的依据。

(12) 总平面图一般采用_____、_____、_____的比例，总平面图中所注尺寸宜以___为单位，并应至少至小数点后___位，不足时以____补齐。

(13) 风向频率玫瑰图用来表示该地区_____和_____。风的吹向是指_____，一般画出___个方向的长短线来表示该地区常年的风向频率。有箭头的方向为___向。实线表示_____，虚线表示_____。

(14) 建筑平面图实际上是_____图，也就是_____所得到的图样。它主要表示_____等情况。

(15) 建筑平面图中横向定位轴线的编号用_____从___至___编写，纵向定位轴线的编号用_____从___至___编写。

(16) 建筑平面图中的平面尺寸均采用_____为单位，而表明楼地面、楼梯平台和室外地面等的标高，则采用_____为单位。

(17) 为了便于读图和施工，一般在图形的下方和左侧注写____道尺寸，平面图较复杂时，也可注写在图形的上方和右侧。

(18) 建筑立面图是_____的投影图，简称立面图。

(19) 立面图主要是_____，在施工图中，它主要反映_____。立面图应包括投影方向可见的_____和墙面线脚、构配件、外墙面做法及必要的尺寸与标高等。

(20) 建筑立面图宜标注_____、_____、_____、_____等处的标高，也可标注相应的_____；如有需要，还可标注一些局部尺寸，如补充建筑构造、设施或构配件的定位尺寸和细部尺寸。

(21) 剖面图的剖切部位应根据图纸的用途或设计深度，在平面图上选择能反映_____以及_____的部位剖切，如选在_____的部位，并经常通过_____剖切。

(22) 习惯上，剖面图不画出_____，墙的断面只需画到_____，画_____断开就可以了，断开以下的部分将由_____表明。

(23) 建筑剖面图一般应标注出剖到部分的_____尺寸和_____。外墙的竖向尺寸一般标注三道尺寸，最外侧的总高尺寸是指_____的高度尺寸。

(24) 建筑平面图、立面图、剖面图一般采用较小的比例，在这些图样上难以表示清楚_____，必须专门绘制比例较大的详图。

(25) 在建筑平面图、立面图和剖面图中，凡需绘制详图的部位均应画上_____，而在所画出的详图上应注明相应的_____。_____与_____必须对应一致，以便看图时查找相互有关的图纸。

(26) 建筑详图可分为_____、_____和_____三大类。

(27) 墙身大样实际是在典型剖面上典型部位从____至____连续的_____。一般多取建筑物内外的交界面一____部位。

(28) 楼梯详图包括_____等图样。

(29) 楼梯平面图中，楼梯段的上下箭头应以_____为基准点算起。

(30) 在多层建筑中，若中间层楼梯完全相同时，楼梯剖面图可只画出_____、_____、_____的楼梯剖面，中间用____分开，并在中间层的_____上注写适用于其他中间层楼面和平台面的标高。

2. 简答题

(1) 建筑平面图是怎样产生的？如何进行命名？建筑平面图的图示内容有哪些？

(2) 建筑平面图的尺寸标注有哪些要求？

(3) 建筑立面图是怎样命名的？建筑立面图应包括哪些内容？

(4) 建筑立面图中有哪些尺寸标注？应标注哪些标高？

(5) 建筑剖面图是怎样形成的？主要表示哪些内容？

(6) 建筑剖面图的尺寸标注有何要求？剖切位置应如何选择？

(7) 为何要绘制建筑详图？建筑详图的特点、内容和要求分别是什么？

建筑施工图

建筑设计总说明

一、编制依据
(1)业主委托的设计方案；
(2)现行国家及地方有关建筑设计的工程建筑规范，通则及规程。

二、工程概况
(1)建设地点：
(2)用地概貌：用地平整；
(3)建筑等级：三级；
(4)设计使用年限：建筑使用年限为50年；
(5)抗震设防烈度：8度；
(6)结构类型：框架；
(7)建筑体型系数：0.33；
(8)建筑布局：C型；
(9)建筑层数与高度：参见立面图；
(10)建筑面积：地上1246.6平方米；
(11)防火等级：二级；
(12)屋面防水等级：二级。

三、本工程应严格遵守国家颁发的建筑工程各类现行施工验收规范并按设计图纸及选用的标准图进行施工；还应与结构、水道、总图、采暖通风、电气等专业设计图纸密切配合。

四、本说明书应与其他专业设计一说明书配套使用。

五、本工程标高以米为单位，尺寸以毫米为单位。

六、建筑物室内地面标高±0.000现场定，相当于绝对标高，见详规图。

七、墙身防潮层：所有内外砖墙均在标高低于室内地坪-0.05 m处满铺20厚1:2水泥砂浆，并加相当于水泥重量5%的防水剂（该标高处有混凝土圈梁着除外）。

八、屋面雨水管及空调排水管
(1)本工程屋面落水口均为Ø110雨水口，雨水管均采用A类排水管，多层为Ø100，位置见屋顶平面图和水图。
(2)高处屋面雨水管自由排往低处屋面时，在落水管正下方屋面上铺设混凝土水簸箕。

九、门窗装修及铁件
(1)铝合金门窗：采用隔热铝合金中空玻璃推拉窗参照省标L03J602图集要求施工，中空玻璃空气层厚度为12 mm。
(2)所有金属制品露明部分均作红丹两度打底，中度灰色聚氨酯磁漆两度（注明者除外）。
(3)不露明金属制品均作红丹两度打底，不刷油漆。
(4)凡木料与砌体接触部分须满涂无毒性防腐涂料。
(5)外木门、木窗室外一侧做一底二度栗色磁漆，室内一侧做一底二度乳白色磁漆。
(6)内木门木窗均做一底二度乳白色磁漆。
(7)凡木料与砌体接触部分须满涂防腐臭油。
(8)所有木门均做贴脸（见山东省民用木门窗图集）。

十、玻璃五金
(1)门窗玻璃除注明外均用5 mm净白片。
(2)所有门窗玻璃除注明外，均按标准图和预算定额所规定的零件配齐。

十一、内装修(L06J002)：内部装修材料的燃烧性能应满足《建筑内部装修设计防火规范》（GB50222-95）相关规定的要求。
(1)地面：
地面(一)(用于卫生间)，地15：地面砖防水地面。
地面(二)(用于其它地面)，地14：地面砖防水地面。
(2)楼面：
楼面(一)(用于卫生间)，楼17：地面砖防水楼面（采用防滑地砖）。
楼面(二)(用于其它地面)，楼16：地面砖楼面。

(3)内墙面：
内墙(一)(用于所有无墙裙内墙)，内墙3：水泥砂浆抹面(刷乳胶漆)。
(4)踢脚：
踢脚(一)踢4：面砖踢脚(H=120)(用于无墙裙房间)；
踢脚(二)踢10：磨光花岗岩踢脚(H=120)(用于楼梯间)。
(5)墙裙：
墙裙(一)裙13：面砖墙裙(到顶棚吊顶)(用于走廊,卫生间,大厅四周墙面)。
(6)顶棚：
顶棚(一)(用于卫生间顶棚)，棚17：铝合金扣板吊顶。
顶棚(二)(用于无吊顶处)，走廊及大厅顶棚后装修吊顶处理，不做。
棚3：水泥砂浆涂料顶棚(刷白色乳胶漆)。
注：除注明外，墙砖、地砖样式及尺寸由建设单位确定。

十二、外装修
(1)散水（用于建筑四周），散1(宽800)；
(2)外墙面：
外墙(一)L06J113第25页序号28，做40厚挤塑型聚苯板，饰面层为面砖，变形缝等构造要求见该图集66~69页。
外墙为涂料外墙；部分为面砖外墙(面砖规格甲方定)。

十三、屋面：屋面防水等级为Ⅱ级。
1.坡屋面檐口使用蓝色屋面瓦，做法由厂家指导施工单位施工。
2.平屋面做法：由上至下：
1)40厚c20细石混凝土保护层，Ø4双向钢筋，中距150；
2)20厚1:3水泥砂浆找平层；
3)55厚挤塑聚苯隔热保温板；
4)20厚1:3水泥砂浆找平层；
5)耐克达多功能聚合粉NKD-3型二布三涂防水层3厚；
6)20厚1:3水泥砂浆找平层；
7)现浇屋面。

十四、其他：保温层为55厚挤塑型聚苯板或XPS板。
(1)所有走廊地坪均低于室内地坪20 mm。
(2)本工程门垛尺寸详见平面图，结构柱边100宽以下墙垛用素混凝土与结构柱整浇。
(3)本工程凡在室内门窗洞及墙阳角处均做1:2水泥砂浆护角，通高，每边50宽。
(4)带有艺术效果的建筑内外装修应先做试样，经设计、建设、施工单位三方协商取得一致意见后才能全面施工。
(5)所有楼梯平台水平段栏杆长度≥500 mm时，其扶手高度≥1100 mm，且楼梯栏杆垂直杆件间净空≤110 mm。
(7)凡易积水的房间地面均增设一道1.5厚聚氨酯防水涂料。
(8)施工中应严格执行国家各项施工质量验收规范。

采用标准图集
L06J002　建筑做法说明
L96J401　楼梯配件
L02J101　墙身配件
L02J128　轻质隔墙(一)
L01J202　屋面
L06J113　居住建筑保温构造详图
L96J003　卫生间配件与洗池

门窗表

类别	设计编号	洞口尺寸(mm) 宽	洞口尺寸(mm) 高	樘数	采用标准图集及编号 图集代号	编号	备注
门	M-1	2600	3000	4			隔热铝合金门
	M-2	1050	2400	10			木门
	M-3	900	2400	7			底部带百叶木门
	M-4	1200	2400	2			双扇木门
	M-5	1200	3000	1			双扇隔热铝合金门
	M-6	1500	2400	3			双扇木门
	M-4a	1500	2400	1			隔热铝合金门
窗	C-1	850	2100	27			隔热铝合金推拉窗
	C-1a	850	1000	3			隔热铝合金推拉窗离地2000
	C-2	1200	2100	1			隔热铝合金推拉窗
	C-3	2150	2100	1			隔热铝合金推拉窗
	C-4	3800	2100	10			隔热铝合金推拉窗
	C-5	1775	2100	2			隔热铝合金推拉窗
	C-6	1700	2100	4			隔热铝合金推拉窗
	C-8	1250	2100	23			隔热铝合金推拉窗
	DC-1	850	3000	4			隔热铝合金固定窗
洞口	D-1	900	2400	9			

注：门窗尺寸数量以实际统计为准，外门窗均用中空玻璃，外窗带纱窗，铝合金均为隔热铝合金

图纸目录

项目			
图别	图号	图样名称	图纸开幅
建施	1	图纸目录 建筑设计总说明 东立面图	A1
建施	2	一层平面图	A1
建施	3	二层平面图	A1
建施	4	屋顶平面图	A1
建施	5	南立面图 北立面图	A1
建施	6	西立面图 1-1剖面图 楼梯详图大样	A1
建施	7		

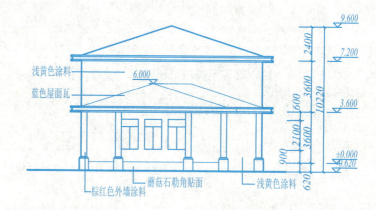

东立面图 1:100

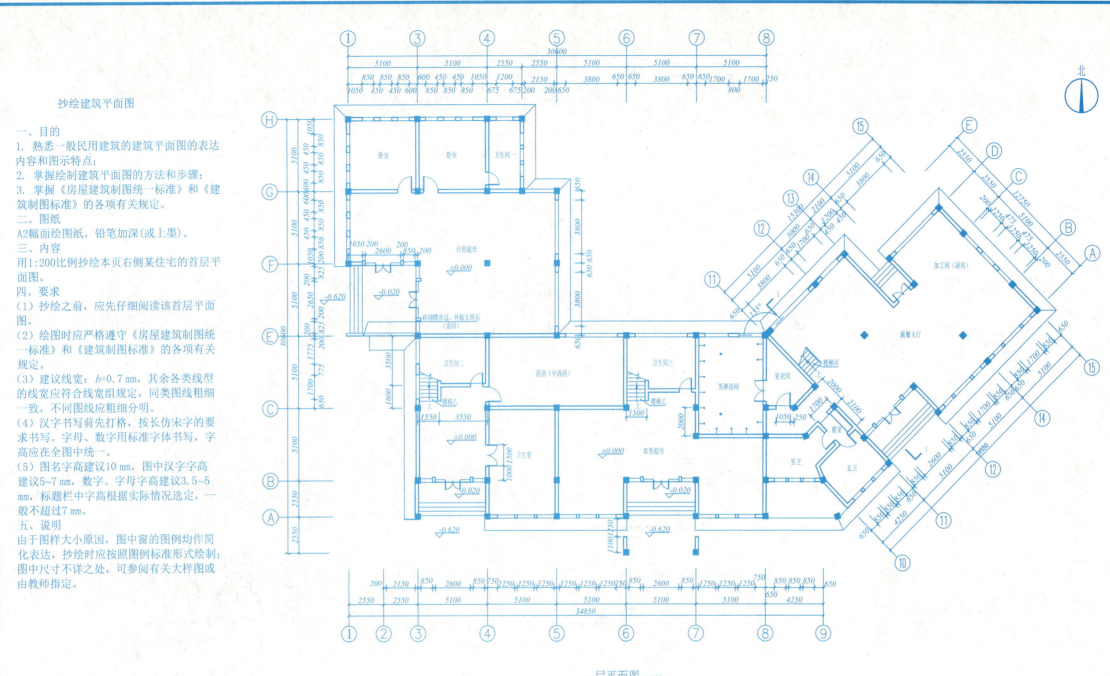

一层平面图 1:100

注：1.本层建筑面积为767.6平方米(不含保温)。
2.图中未注内外墙厚均为250厚加气混凝土砌块。
3.轴线除注明者外均为柱、墙中线，未注明的门垛为250，外墙未标注尺寸均为200。
4.卫生间、厨房地面均低室内地坪20，并以1%坡度坡向地漏。

抄绘建筑平面图

一、目的
1. 熟悉一般民用建筑的建筑平面图的表达内容和图示特点；
2. 掌握绘制建筑平面图的方法和步骤；
3. 掌握《房屋建筑制图统一标准》和《建筑制图标准》的各项有关规定。

二、图纸
A2幅面绘图纸，铅笔加深（或上墨）。

三、内容
用1:200比例抄绘本页右侧某住宅的首层平面图。

四、要求
（1）抄绘之前，应先仔细阅读该首层平面图。
（2）绘图时应严格遵守《房屋建筑制图统一标准》和《建筑制图标准》的各项有关规定。
（3）建议线宽：$b=0.7$ mm，其余各类线型的线宽应符合线组规定，同类图线粗细一致，不同图线应粗细分明。
（4）汉字书写前先打格，按长仿宋字的要求书写。字母、数字用标准字体书写，字高应在全图中统一。
（5）图名字高建议10 mm，图中汉字字高建议5~7 mm，数字、字母字高建议3.5~5 mm，标题栏中字高根据实际情况选定，一般不超过7 mm。

五、说明
由于图样大小原因，图中窗的图例均作简化表达，抄绘时应按照图例标准形式绘制；图中尺寸不详之处，可参阅有关大样图或由教师指定。

| 13-2 | 某会所建筑施工图（二） | 班级 | 姓名 | 学号 | 成绩 | 53 |

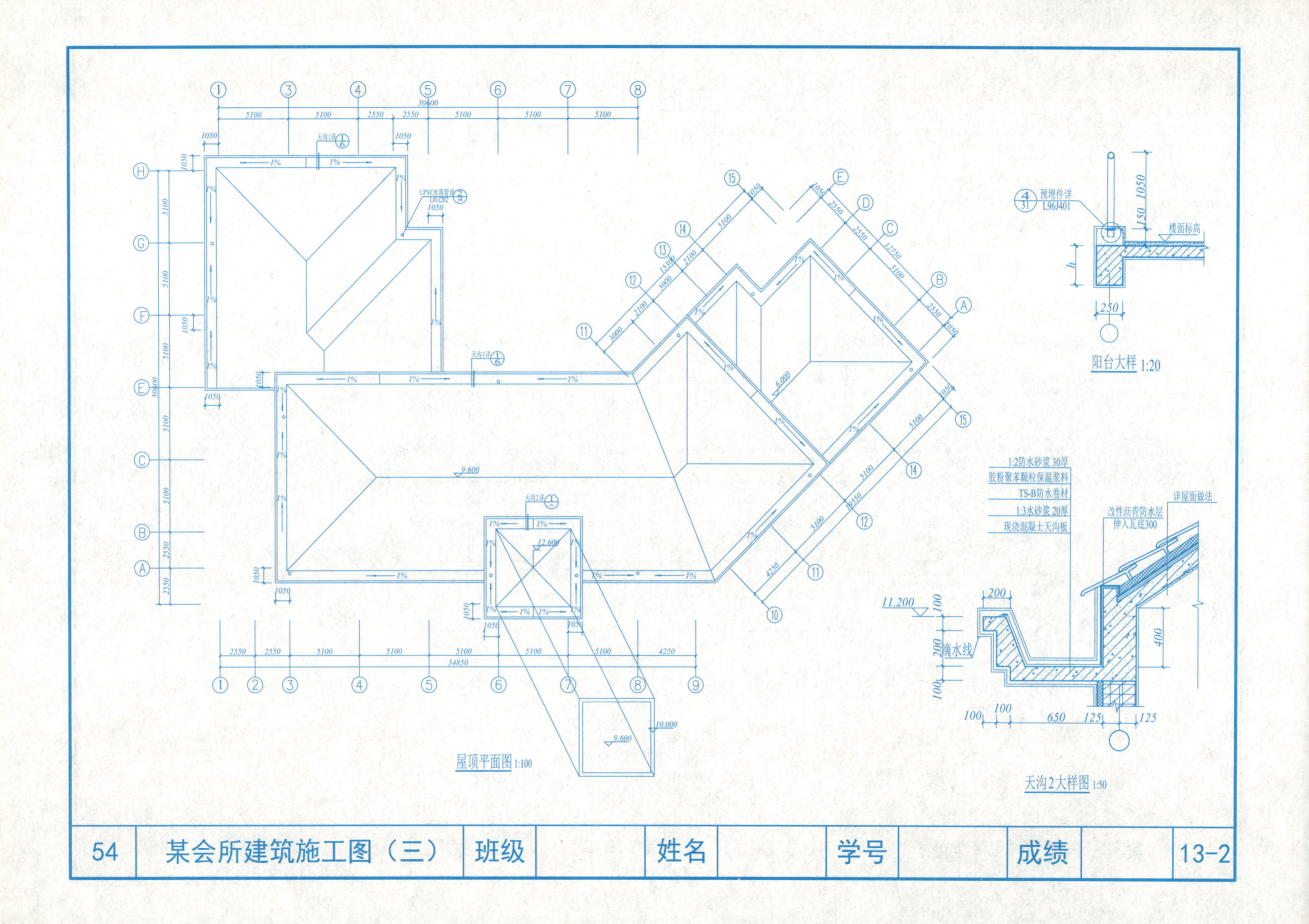

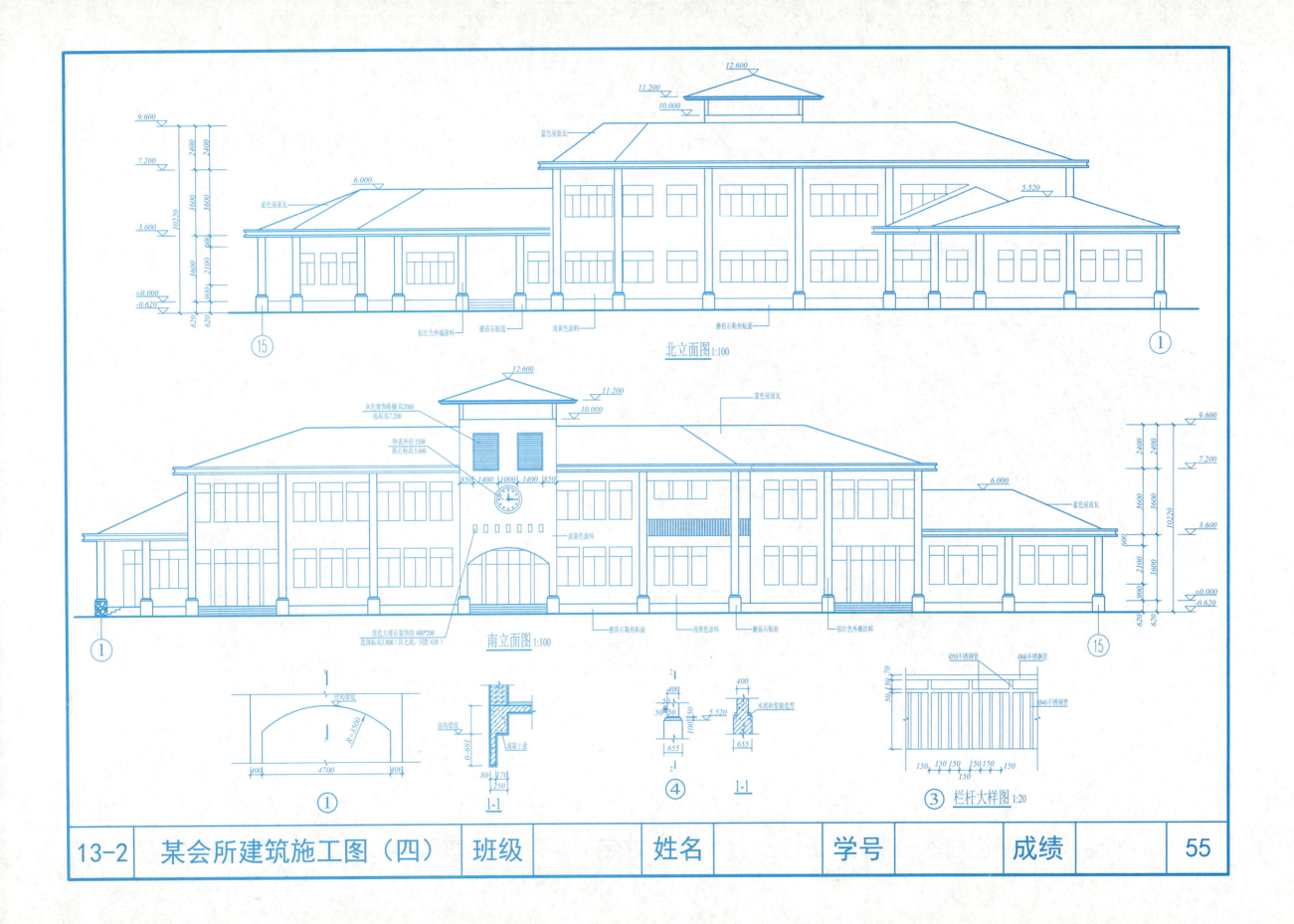

西立面图 1:100

注：楼梯临空处栏杆高度为 1050 mm
楼梯水平段扶手高度为 1050 mm
其它扶手高度为 900 mm
楼梯栏杆垂直杆件间净空为 ≤110 mm
楼梯栏杆为防攀登式栏杆 L04J403
栏杆与踏步连接大样 L04J403
楼梯预埋件见 L04J403
踏步面层及防滑条见 L04J403

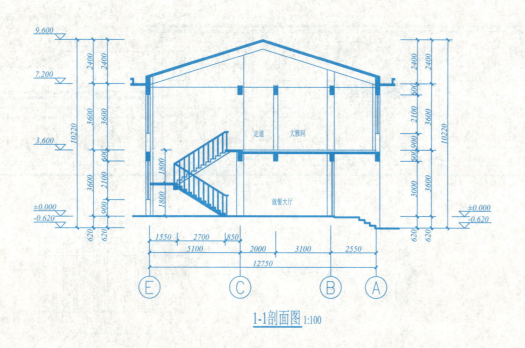

1-1剖面图 1:100

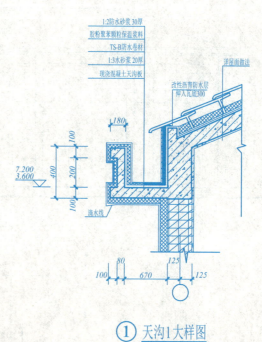

① 天沟1大样图

| 56 | 某会所建筑施工图（五） | 班级 | 姓名 | 学号 | 成绩 | 13-2 |

抄绘建筑平面图

一、目的
1. 熟悉一般民用建筑的建筑平面图的表达内容和图示特点；
2. 掌握绘制建筑平面图的方法和步骤；
3. 掌握《房屋建筑制图统一标准》和《建筑制图标准》的各项有关规定。

二、图纸
A2幅面绘图纸，铅笔加深(或上墨)。

三、内容
用1:100比例抄绘本页右侧某住宅的首层平面图。

四、要求
1. 抄绘之前，应先仔细阅读该首层平面图；
2. 绘图时应严格遵守《房屋建筑制图统一标准》和《建筑制图标准》的各项有关规定；
3. 建议线宽：$b=0.7$ mm，其余各类线型的线宽应符合线宽组规定，同类图线粗细一致，不同图线应粗细分明；
4. 汉字书写前应先打格，按长仿宋字的要求书写。字母、数字用标准字体书写，字高应在全图中统一。
5. 图名字高建议10 mm，图中汉字字高建议5~7 mm，数字、字母字高建议3.5~5 mm，标题栏中字高根据实际情况选定，一般不超过7 mm。

五、说明
图中尺寸不详之处，请参阅有关大样图或由教师指定。

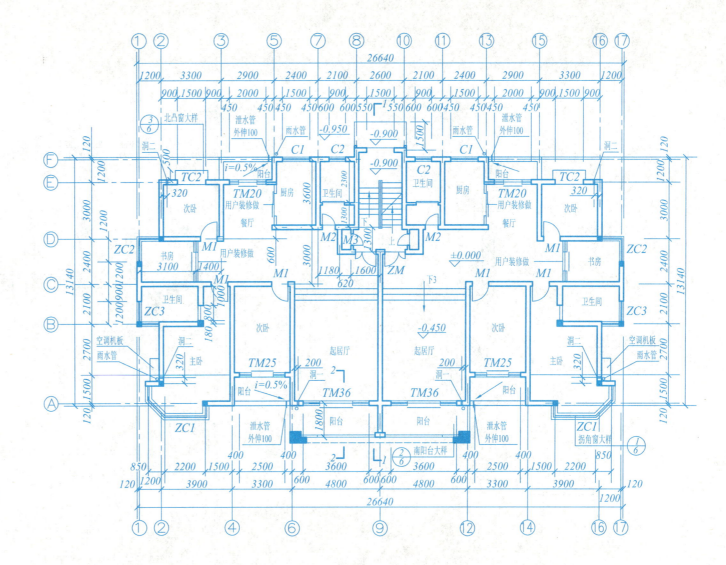

说明：
(1) 未标注墙厚均为240，门垛、窗垛除注明外均为240；
(2) 卫生间、厨房地坪低于室内坪30；
(3) 南阳台地坪低于室内坪50；
(4) 空调预留洞 洞一：直径100，洞中距楼面300；
(5) 空调预留洞 洞二：直径100，洞中距楼面2500；
(6) 空调机板标高与阳台板平；
(7) 楼梯构造柱详结施；
(8) 未详处做法见总说明及一层注明。

首层平面图 1:100

| 13-3 | 某住宅建筑施工图（一） | 班级 | | 姓名 | | 学号 | | 成绩 | | 57 |

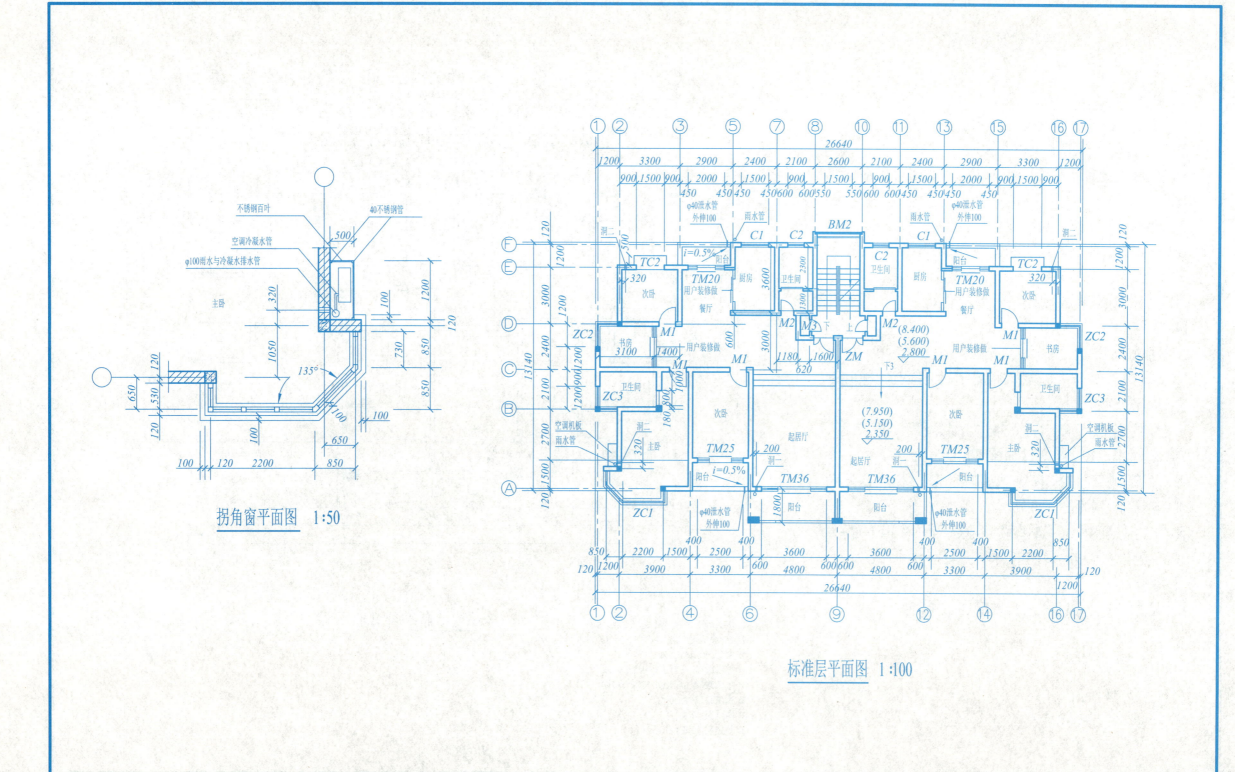

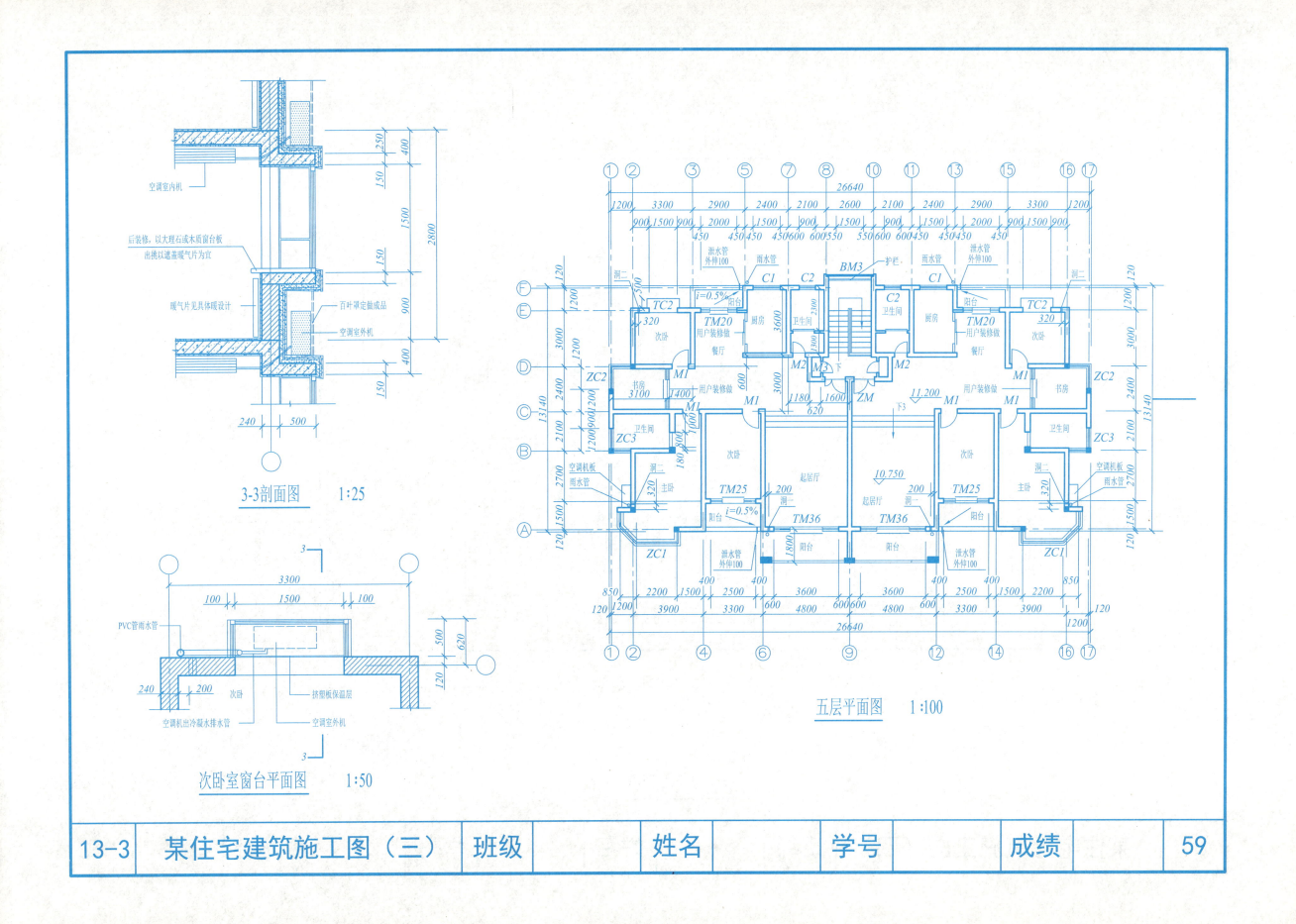

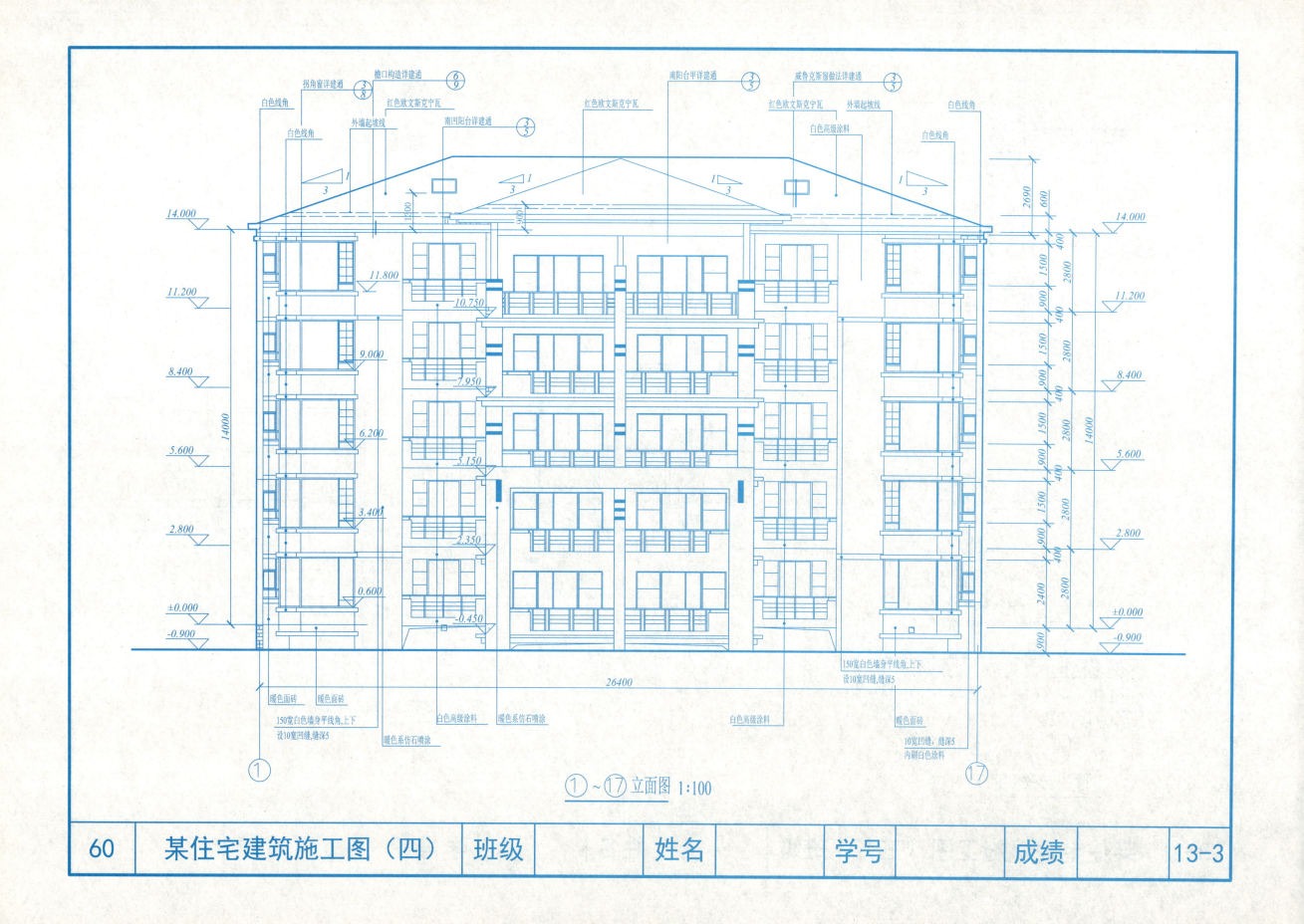

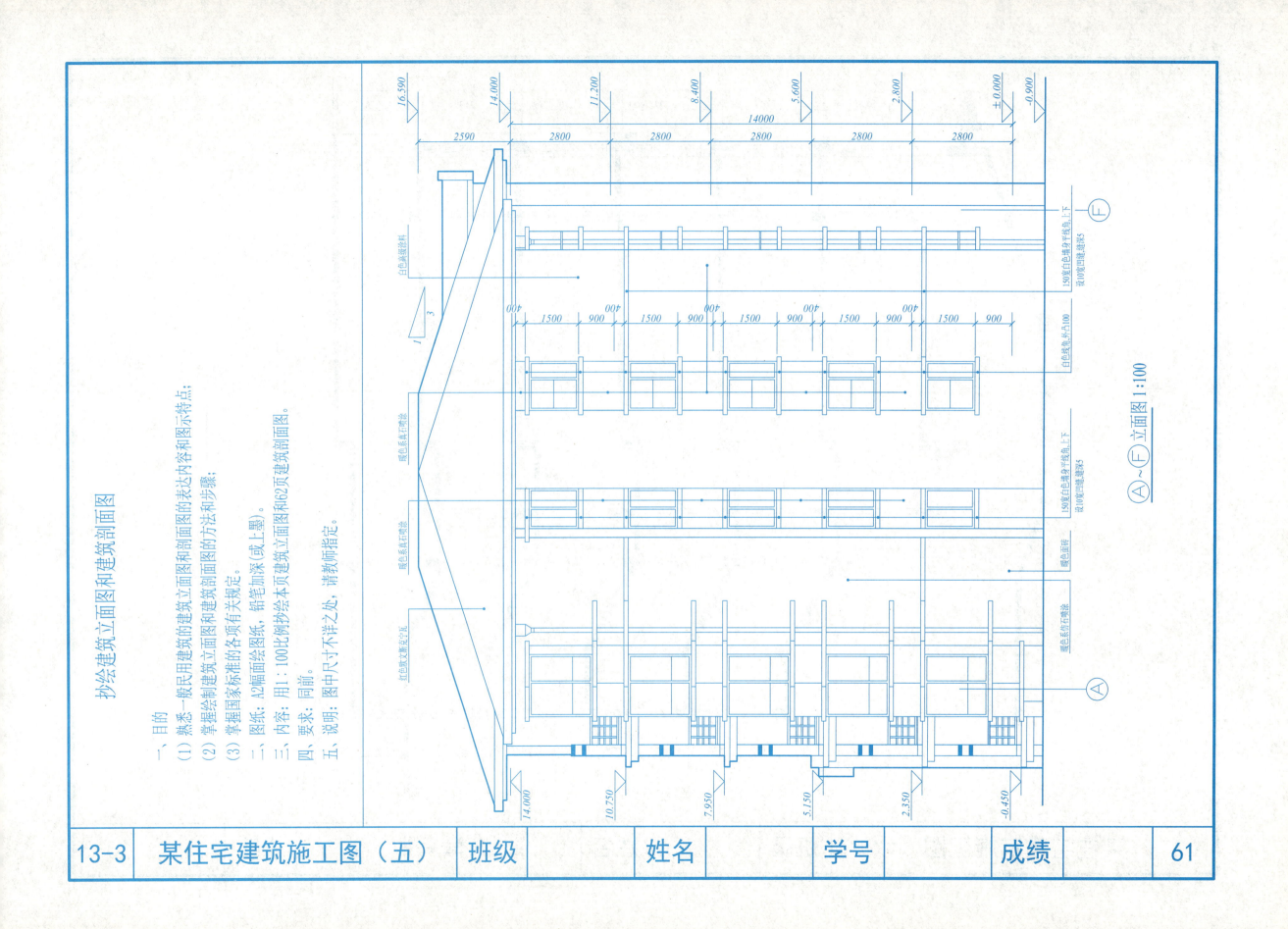

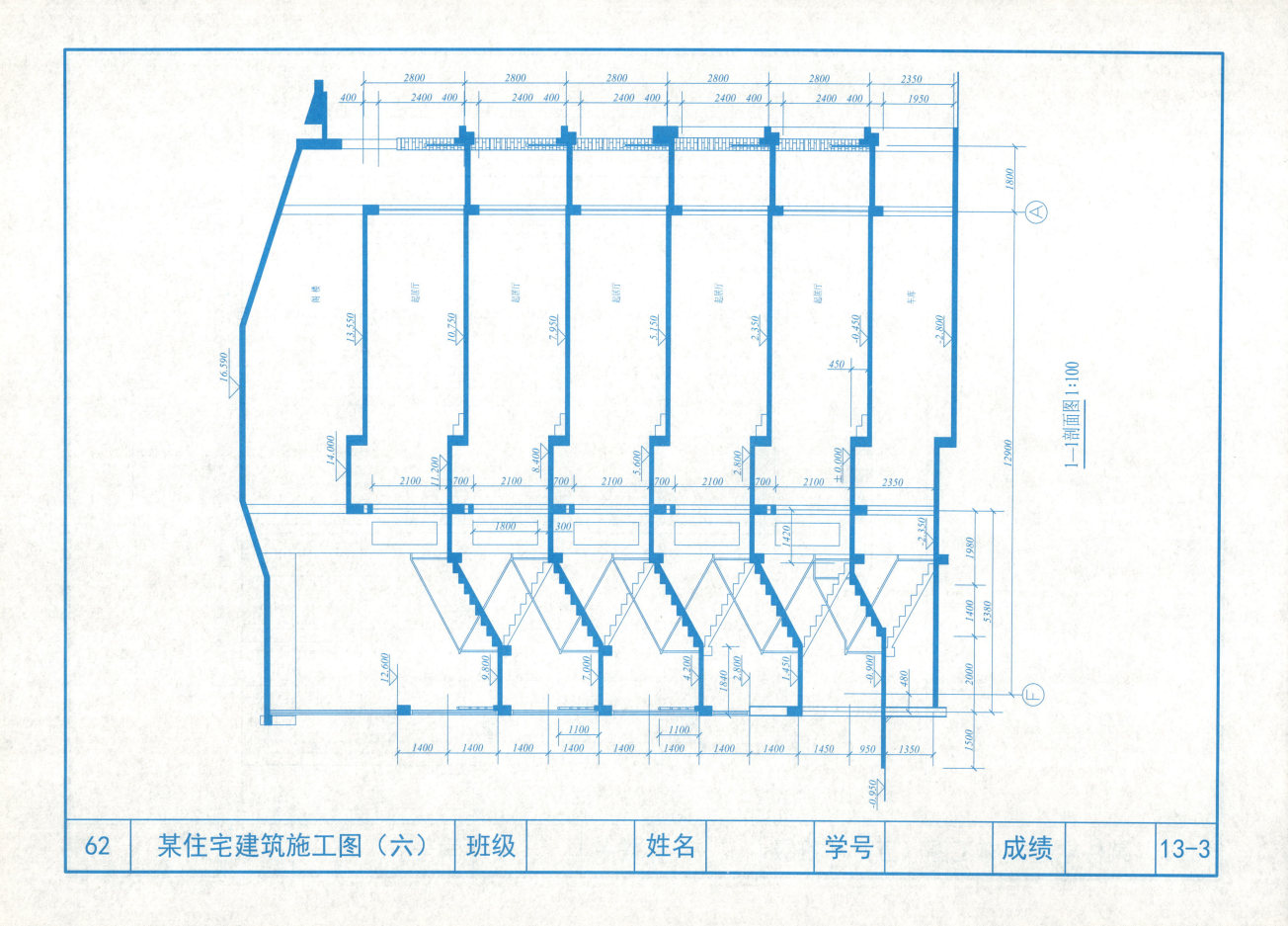

抄绘建筑详图

一、目的
1. 熟悉一般民用建筑的建筑平面图的表达内容和图示特点；
2. 掌握绘制建筑平面图的方法和步骤；
3. 掌握《房屋建筑制图统一标准》和《建筑制图标准》的各项有关规定。

二、图纸
A2幅面绘图纸，铅笔加深（或上墨）。

三、内容
用1:50比例抄绘本页右侧某住宅南阳台首层、二层平面图；南阳台三~五层平面图；2—2剖面图；第59页3—3剖面图、次卧室窗台平面图。

四、要求
1. 抄绘之前，应先仔细阅读图样；
2. 绘图时应严格遵守《房屋建筑制图统一标准》和《建筑制图标准》的各项有关规定；
3. 建议线宽：$b=0.7\,mm$，其余各类型的线宽应符合线宽组规定，同类图线粗细一致，不同图线应粗细分明；
4. 汉字书写前应先打格，按长仿宋字的要求书写。字母、数字用标准字体书写，字高应在全图中统一。
5. 图名字高建议10 mm，图中汉字字高建议5~7 mm，数字、字母字高建议3.5~5 mm，标题栏中字高根据实际情况选定，一般不超过7 mm。

五、说明
图中尺寸不详之处，请教师指定。

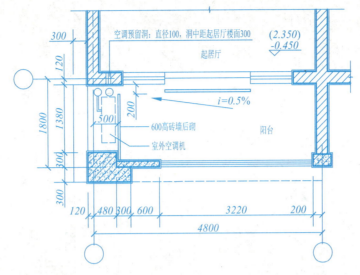

南阳台首层、二层平面图　　1:50

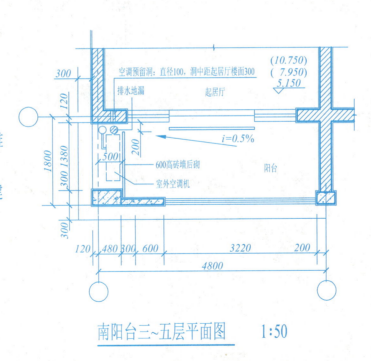

南阳台三~五层平面图　　1:50

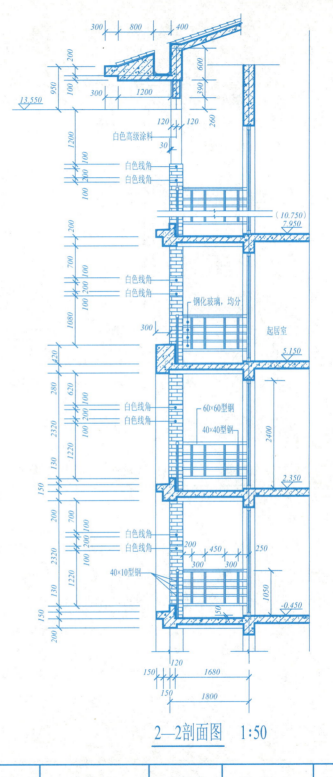

2—2剖面图　　1:50

| 13-3 | 某住宅建筑施工图（七） | 班级 | 姓名 | 学号 | 成绩 | 63 |

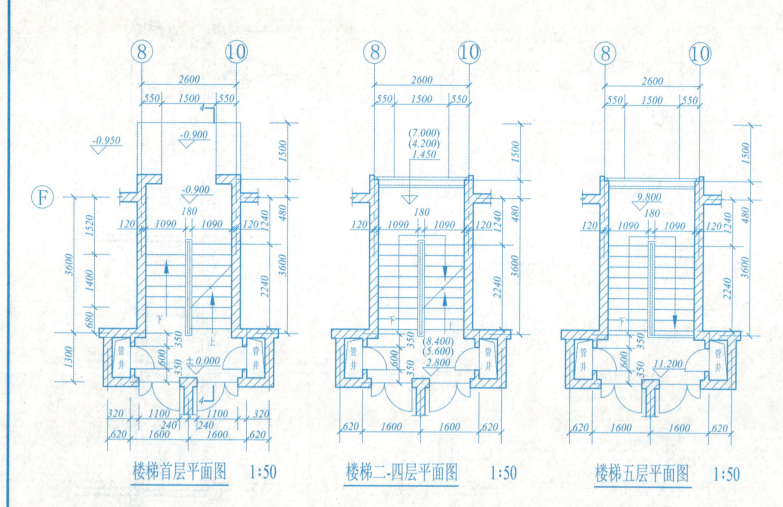

楼梯首层平面图 1:50　　楼梯二-四层平面图 1:50　　楼梯五层平面图 1:50

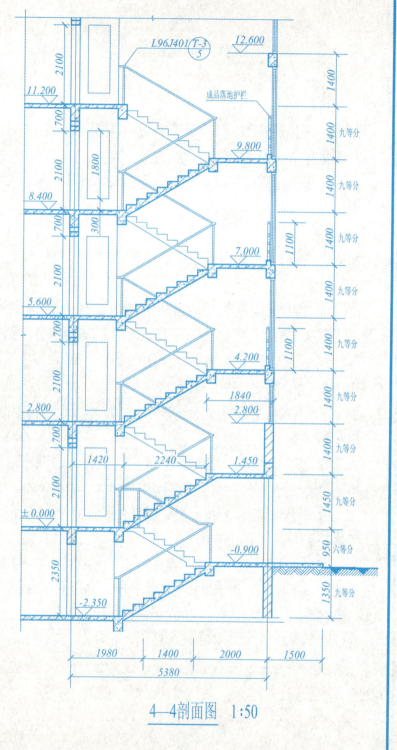

4—4剖面图 1:50

抄绘楼梯详图

一、目的：1. 熟悉楼梯详图的表达内容和图示特点；2. 掌握绘制楼梯详图的方法和步骤；3. 掌握制图标准中的各项有关规定。

二、图纸：A2幅面绘图纸，铅笔加深（或上墨）。

三、内容：用1:50比例抄绘本页某住宅楼梯平面图和剖面详图。

四、要求：1. 抄绘之前，应先仔细阅读详图；绘图时应严格遵守《房屋建筑制图统一标准》和《建筑制图标准》的各项有关规定；2. 建议线宽：b=0.7mm，其余各类线型的线宽应符合线宽组规定，同类图线粗细一致，不同图线应粗细分明；3. 汉字书写前应先打格，按长仿宋字的要求书写。字母、数字用标准字体书写，字高应在全图中统一。4. 图名字高建议10mm，图中汉字字高建议5~7mm，数字、字母字高建议3.5~5mm，标题栏中字高根据实际情况选定，一般不超过7mm。

五、说明：图中尺寸不详之处，请教师指定。

| 64 | 某住宅建筑施工图（八） | 班级 | 姓名 | 学号 | 成绩 | 13-3 |

1.填空题

（1）结构设计是根据建筑各方面的要求，进行_____，再通过_____，决定_____。

（2）常见的房屋结构按承重构件的材料可分为：_____、_____、_____、_____和_____。

（3）钢筋混凝土构件有_____和_____两种。

（4）配置在钢筋混凝土构件中的钢筋，按其作用可分为：_____、_____、_____、_____、_____、_____。

（5）为了_____，在构件中钢筋外边缘至构件表面之间应留有一定厚度的保护层。根据《_____》（GB50010-2002）规定：纵向受力的普通钢筋及预应力钢筋，其混凝土保护层厚度不应小于_____。

（6）为了_____，避免_____，应对光圆钢筋的两端进行弯钩处理，弯钩常做成_____或_____。

（7）写出下列构件的构件代号：空心板_____、圈梁_____、天沟板_____、天窗架_____。

（8）预应力钢筋混凝土构件的代号，应在构件代号前加注"____"。

（9）楼层结构平面图是假想_____，用来表示_____及其下面的_____等承重构件的平面布置，或_____，以及它们之间的结构关系。

（10）在结构平面图中，构件应采用_____表示，如能用单线表示清楚时，也可用单线表示，如梁、屋架、支撑等可用_____表示其中心位置。采用轮廓线表示时，可见的钢筋混凝土楼板的轮廓线用_____表示，剖切到的构件轮廓线用_____表示，不可见构件的轮廓线用_____表示。

（11）结构平面图中的剖面图、断面详图的编号顺序宜按下列规定编排：

外墙按顺时针方向从_____开始编号；

内横墙从左至右，从____至____编号；

内纵墙从上至下，从____至____编号。

（12）在结构平面图中配置双层钢筋时，底层钢筋的弯钩应向__或向__画出，顶层钢筋的弯钩则向____或向____画出。

（13）钢筋混凝土构件详图，一般包括_____、_____、_____和_____。

（14）基础下部的土壤称为_____；为基础施工而开挖的土坑称为____；基坑边线就是放线的_____；从室内地面到基础顶面的墙称为_____；从室外设计地面到基础底面的垂直距离称为_____；基础墙下部做成阶梯形的砌体称为_____。

（15）基础平面图是表示_____，一般可假想用一个水平面沿房屋的_____以下剖切后的水平剖面图。

（16）基础平面图的图线要求：剖切到的基础墙轮廓线画成_____，基础底面的轮廓线画成_____，可见的梁画成_____，不可见的梁画成_____；剖切到的钢筋混凝土柱断面，要_____表示。在基础平面图中，应注明基础的_____和_____尺寸。

（17）楼梯结构详图包括_____、_____及_____。

（18）楼梯结构平面图表示_____及_____。一般包括_____、_____和_____，常用_____的比例绘制。

（19）楼梯结构剖面图表示_____，比例与楼梯结构平面图相同。

（20）在楼梯结构剖面图中，应标注出_____、_____和_____，还应标注出_____。

（21）焊缝符号主要由_____、_____和_____等部分组成。

（22）图形符号表示_____，补充符号表示_____。引出线则表示_____。

（23）在同一图形上，当焊缝形式、断面尺寸和辅助要求均相同时，可只选择一处标注焊缝的符号和尺寸，并加注"_____"。当有数种相同的焊缝时，可将焊缝分类编号标注，在同一类焊缝中也可选择一处标注焊缝的符号和尺寸，分类编号采用_____。

（24）当焊缝分布不规则时，在标注焊缝符号的同时，宜在焊缝处加____（表示可见焊缝），或加_____（表示不可见焊缝）。

（25）钢屋架结构详图是表示_____和连接情况的图样。其主要内容包括_____、_____、_____、_____、_____以及_____等。

2.思考题

（1）楼层结构平面图是怎样产生的？图示内容有哪些？

（2）基础平面图是怎样产生的？有哪些要求？

（3）钢筋混凝土结构图的图示特点有哪些？

（4）楼层结构平面图中的钢筋如何表示？

（5）楼梯结构详图有哪些内容？其图示特点是什么？

（6）钢结构构件图的尺寸标注有何要求？

3.抄绘楼层结构平面图、基础平面图和楼梯详图

（一）目的：熟悉一般民用建筑的楼层结构平面图、基础平面图、楼梯详图的表达内容和图示特点；掌握绘制房屋结构图的方法和步骤；掌握国家标准的各项有关规定。

（二）图纸：A2幅面绘图纸，铅笔加深（或上墨）。

（三）内容：①用1:100比例抄绘66页某住宅的二层结构平面图；②用1:100比例抄绘67页某住宅的基础平面图，用1:20或1:30的比例抄绘67页和68页中的基础详图（数量由教师确定）；③用69页所示比例抄绘该页楼梯详图。

（四）要求：同第十三章。

（五）说明：图中不详之处，请教师指定。

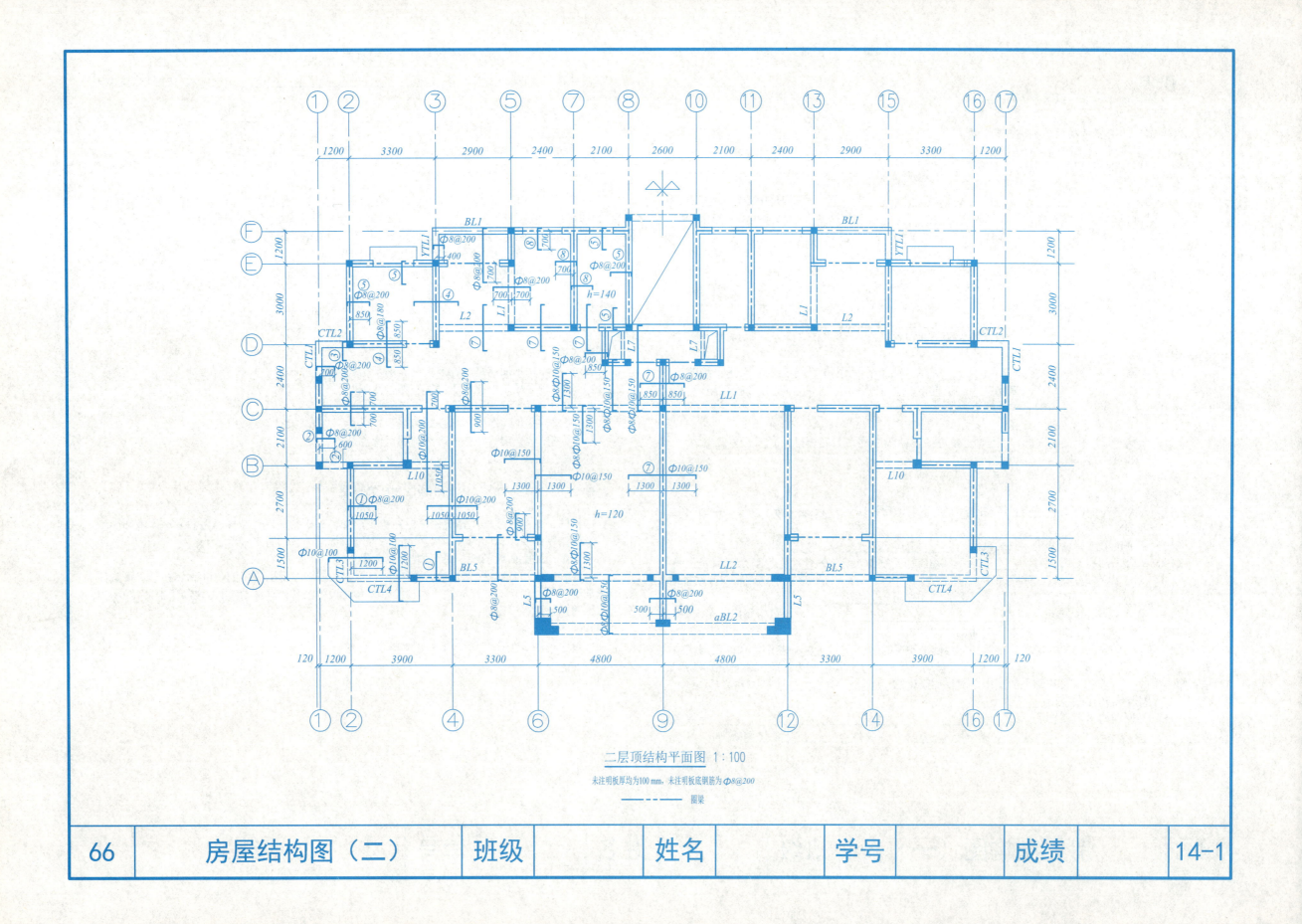

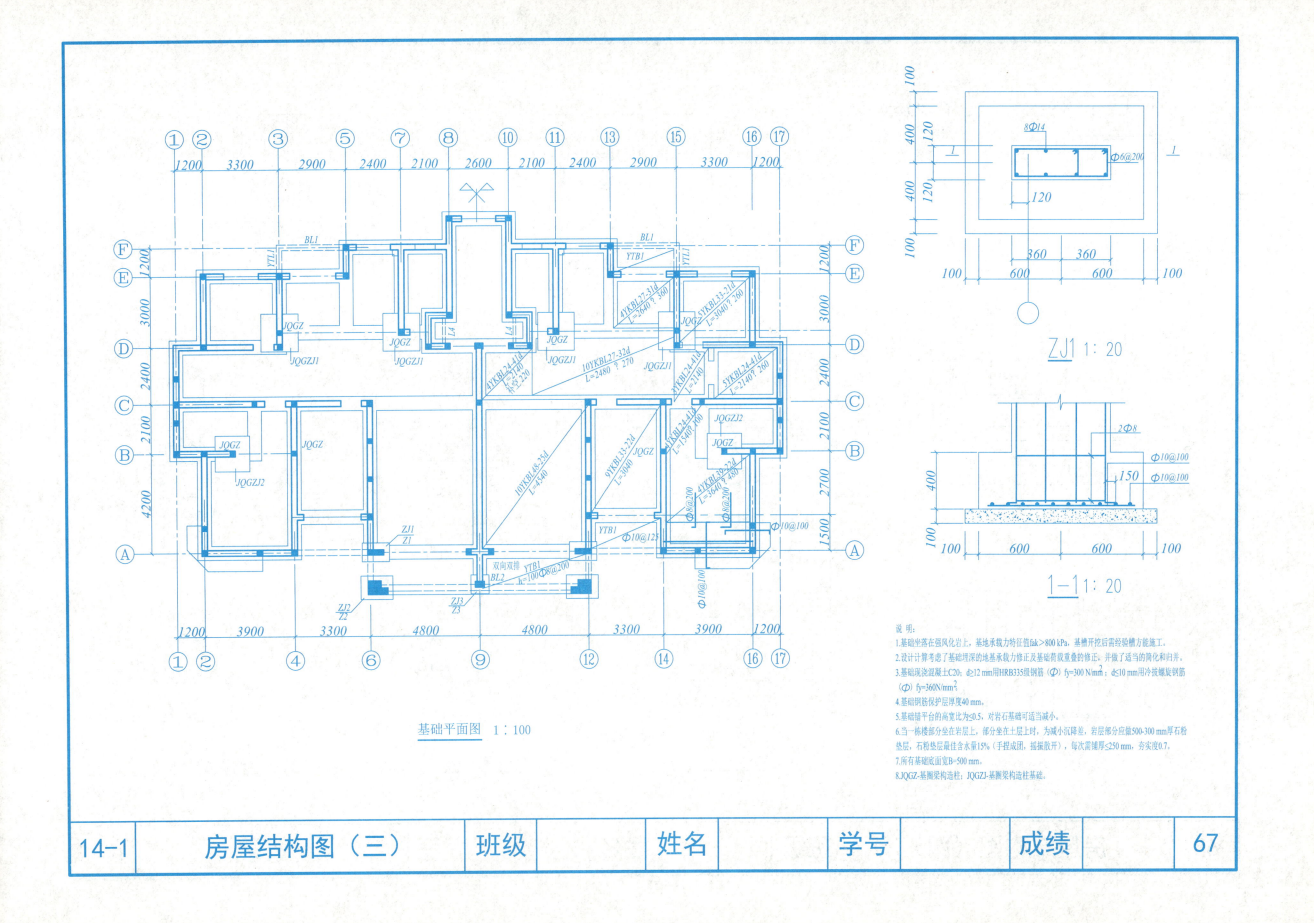

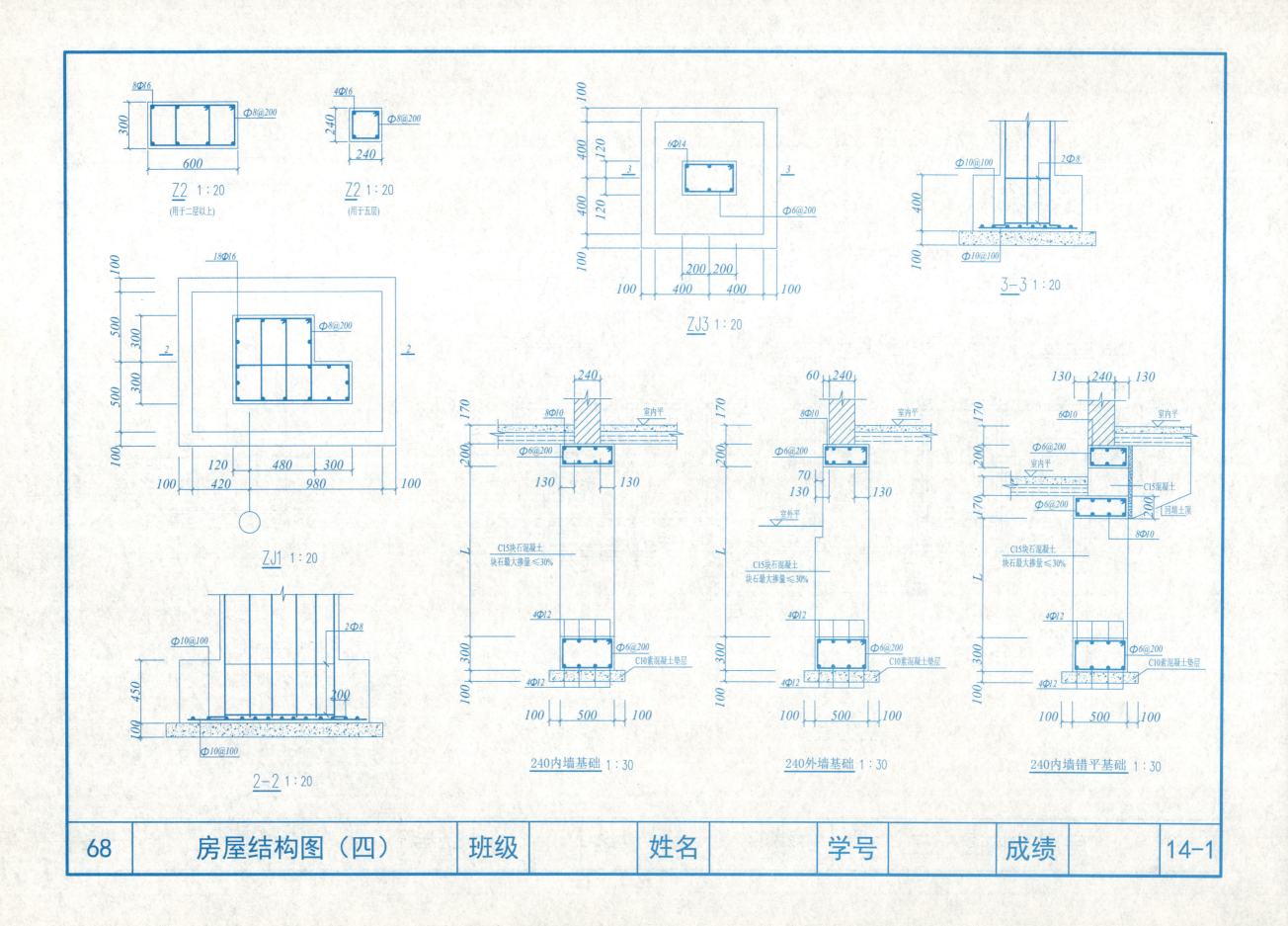

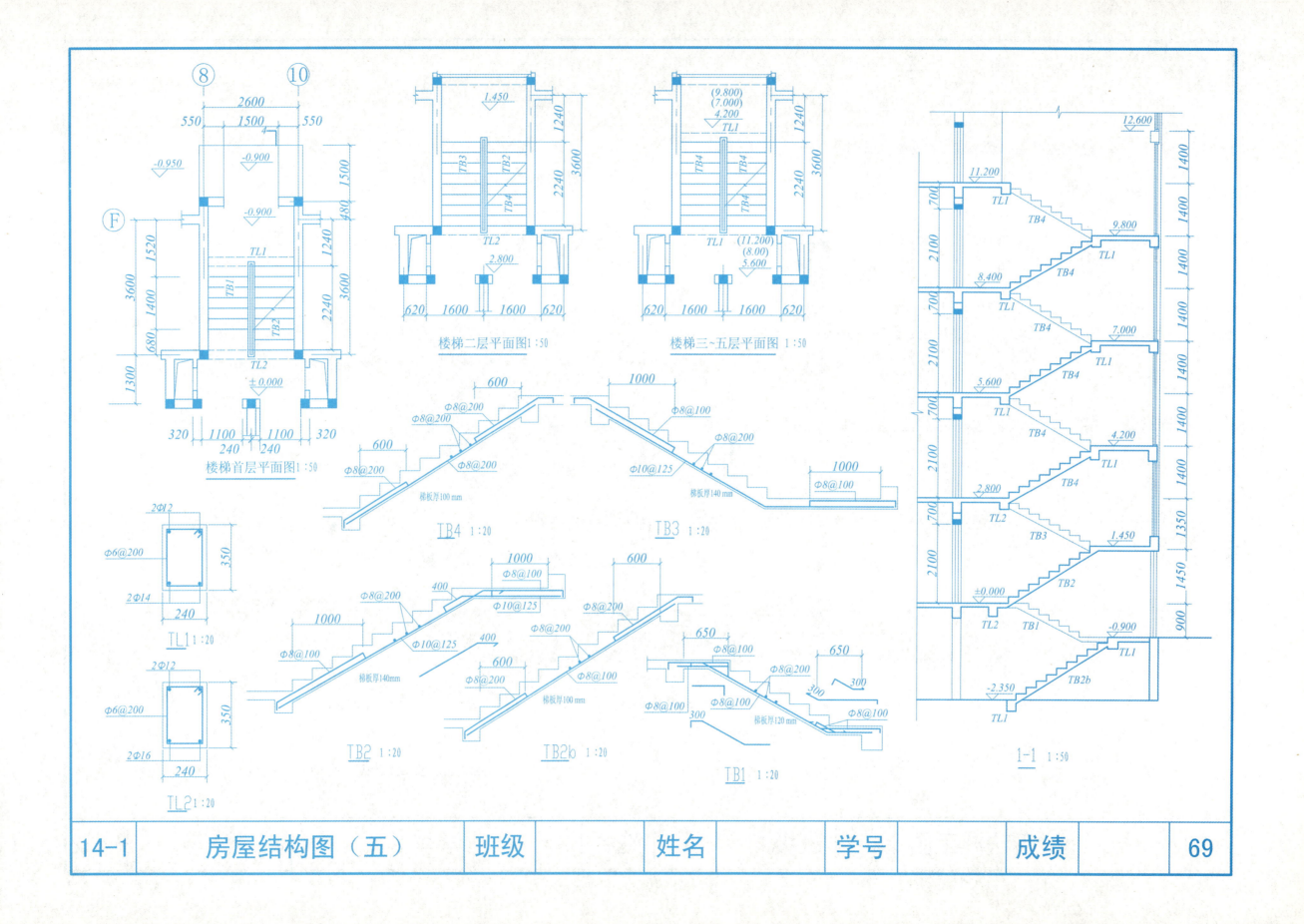

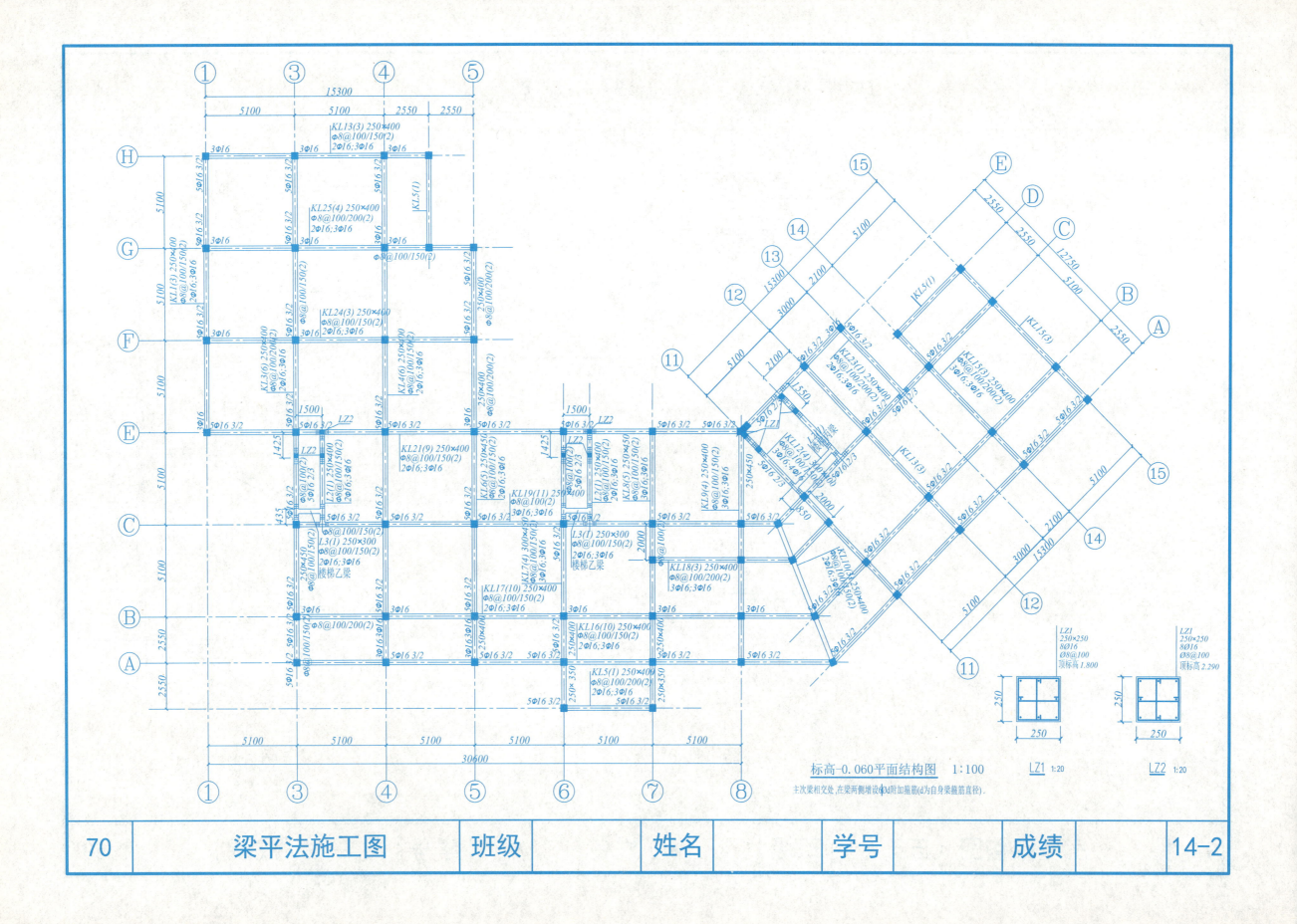

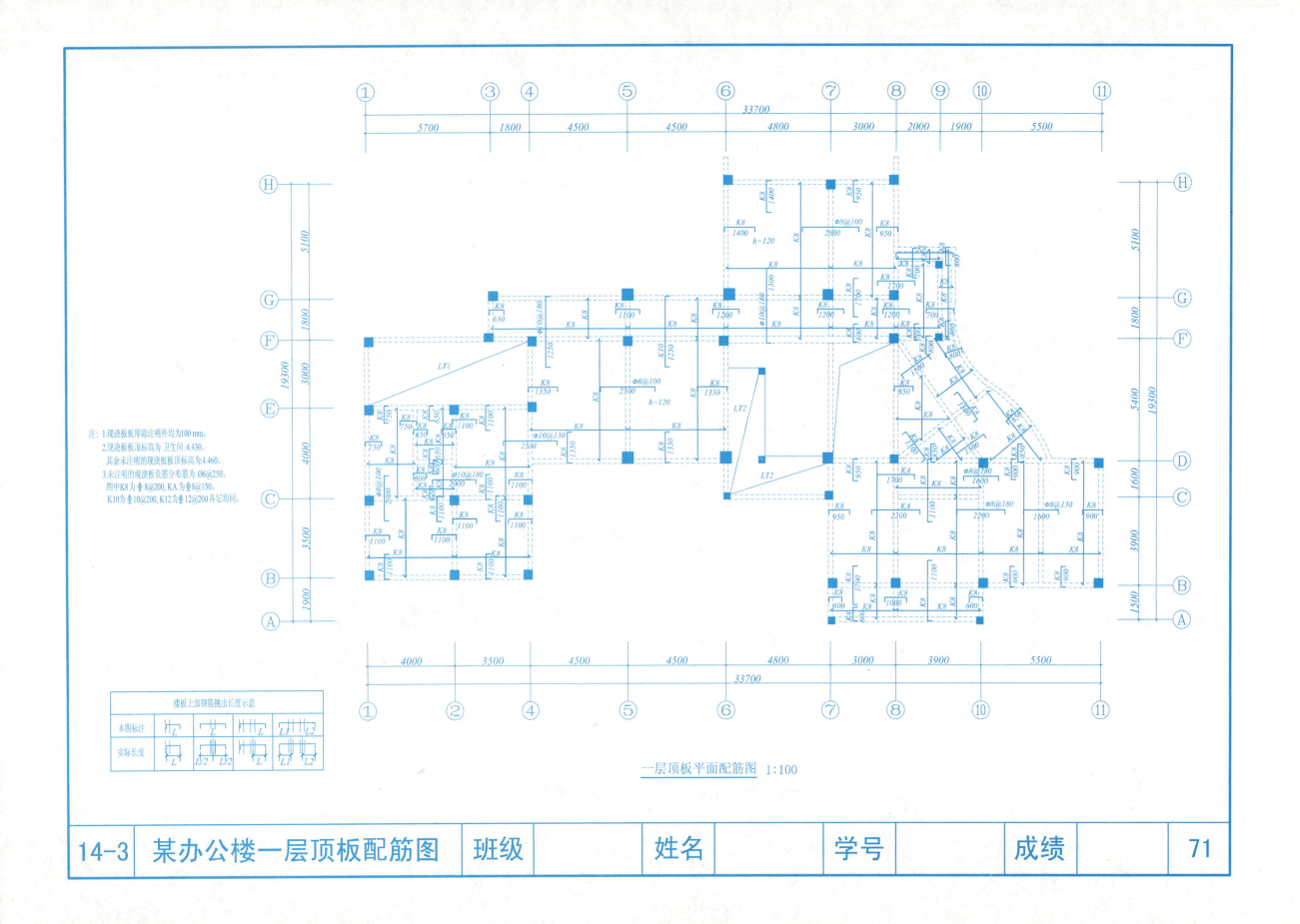

一层顶板平面配筋图 1:100

14-3 某办公楼一层顶板配筋图

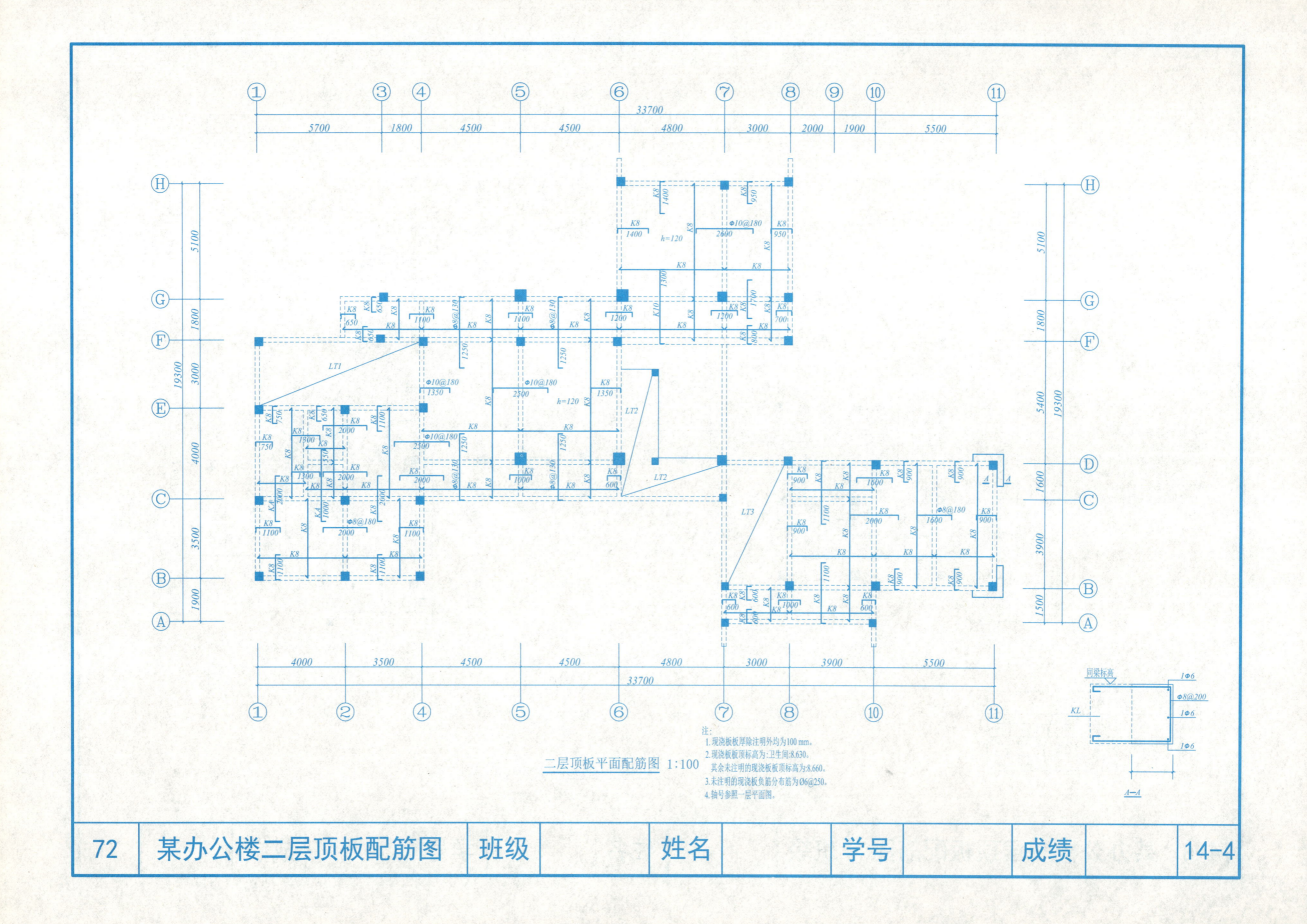

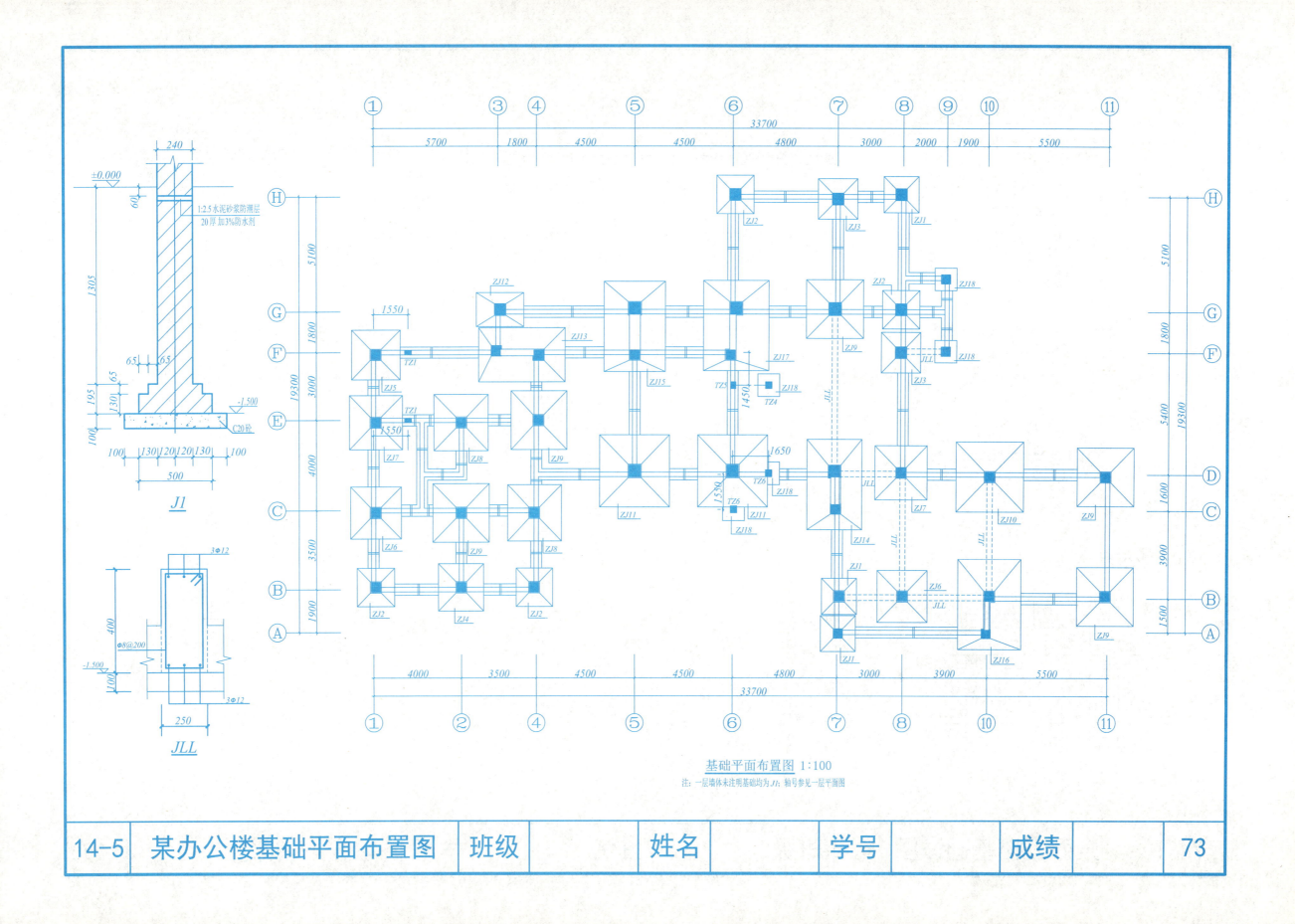

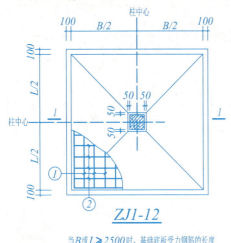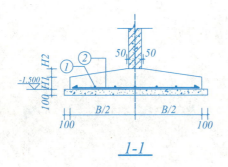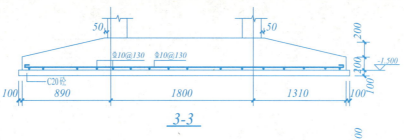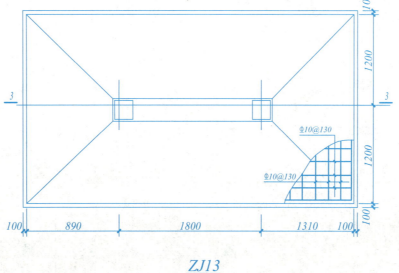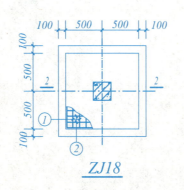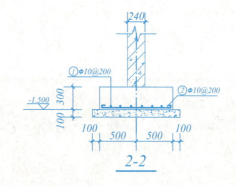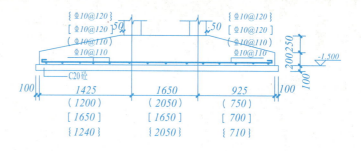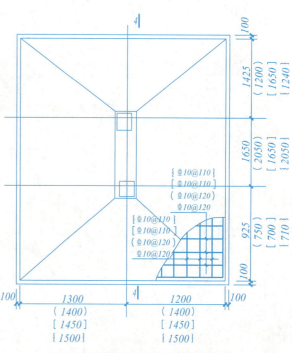

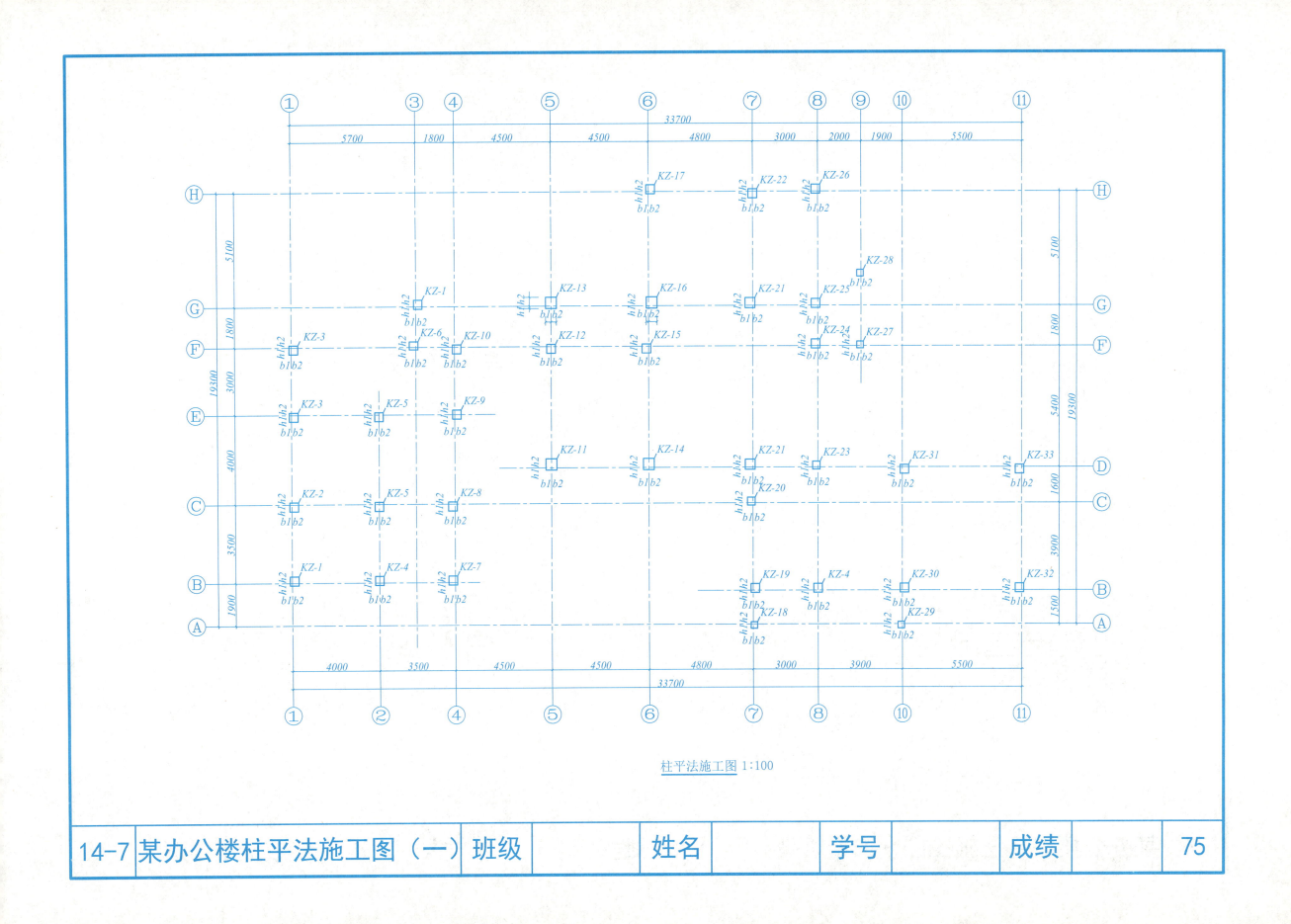

箍筋类型1.(m×n)　箍筋类型2.　箍筋类型3.　箍筋类型4.　箍筋类型5.　箍筋类型6.　箍筋类型7.　箍筋类型8.　箍筋类型9.　箍筋类型10.

柱号	标高	b×h (圆柱直径D)	b1	b2	h1	h2	全部纵筋	角筋	b边一侧中部筋	h边一侧中部筋	箍筋类型号	箍筋	备注
KZ-1	基础底~-4.460	400×400	100	300	100	300	8⏀18				1.(3×3)	φ8@100/150	
	-4.460~12.900	350×350	100	250	100	250	8⏀16				1.(3×3)	φ8@100/150	
KZ-2	基础底~-4.460	400×400	100	300	300	100	8⏀20				1.(3×3)	φ8@100/200	
	-4.460~8.660	350×350	100	250	250	100		4⏀18	1⏀16	1⏀16	1.(3×3)	φ8@100/150	
	8.660~12.900	350×350	100	250	250	100	8⏀16				1.(3×3)	φ8@100/150	
KZ-3	基础底~-4.460	400×400	100	300	300	100	8⏀20				1.(3×3)	φ8@100	
	-4.460~12.900	350×350	100	250	250	100	8⏀16				1.(3×3)	φ8@100	
	12.900~17.400	350×350	100	250	250	100		4⏀16	1⏀16	1⏀18	1.(3×3)	φ8@100	
KZ-4	基础底~-4.460	400×400	200	200	100	300	8⏀18				1.(3×3)	φ8@100	
	-4.460~12.900	350×350	175	175	100	250	8⏀16				1.(3×3)	φ8@100	
KZ-5	基础底~-4.460	400×400	200	200	300	100	8⏀20				1.(3×3)	φ8@100/200	
	-4.460~12.900	350×350	175	175	250	100	8⏀16				1.(3×3)	φ8@100/150	
KZ-6	基础底~-4.460	460×350	360	100	100	250	8⏀16				1.(3×3)	φ8@100/150	
	-4.460~12.900	300×300	200	100	100	200	8⏀16				1.(3×3)	φ8@100/150	
KZ-7	基础底~-4.460	400×400	300	100	100	300	8⏀16				1.(3×3)	φ8@100/150	
	-4.460~12.900	350×350	250	100	100	250	8⏀16				1.(3×3)	φ8@100/150	
KZ-8	基础底~-4.460	400×400	300	100	300	100	8⏀20				1.(3×3)	φ8@100/200	
	-4.460~8.660	350×350	250	100	250	100	8⏀16				1.(3×3)	φ8@100/150	
	8.660~12.900	350×350	250	100	250	100		4⏀18	1⏀16	1⏀16	1.(3×3)	φ8@100/150	
KZ-9	基础底~-4.460	400×400	100	300	200	200	8⏀18				1.(3×3)	φ8@100/150	
	-4.460~12.900	350×350	100	250	175	175	8⏀16				1.(3×3)	φ8@100/150	
	12.900~17.400	350×350	100	250	100	250		4⏀18	1⏀16	1⏀18	1.(3×3)	φ8@100/150	
KZ-10	基础底~-4.460	400×400	100	300	300	100		4⏀18	1⏀18	1⏀16	1.(3×3)	φ8@100/150	
	-4.460~12.900	350×350	100	250	250	100	8⏀16				1.(3×3)	φ8@100/150	
	12.900~17.400	350×350	100	250	250	100		4⏀18	1⏀16	1⏀18	1.(3×3)	φ8@100/150	
KZ-11	基础底~-4.460	500×500	250	250	100	400	4⏀22	2⏀18	2⏀18	1.(4×4)	φ8@100/150	
	-4.460~8.660	500×500	250	250	100	400	4⏀18	2⏀16	2⏀16	1.(4×4)	φ8@100/150	
	8.660~12.900	500×500	250	250	100	400	4⏀20	2⏀16	2⏀16	1.(4×4)	φ8@100/150	
KZ-12	基础底~-4.460	400×400	200	200	300	100	8⏀18				1.(3×3)	φ8@100/150	
	-4.460~8.660	350×350	175	175	250	100		4⏀20	1⏀16	2⏀16	1.(3×3)	φ8@100/150	
KZ-13	基础底~-4.460	500×500	250	250	100	400		4⏀18	2⏀16	2⏀16	1.(4×4)	φ8@100/150	
	-4.460~8.660	500×500	250	250	100	400		4⏀18	2⏀16	2⏀16	1.(4×4)	φ8@100/150	
	8.660~12.900	500×500	250	250	100	400		4⏀25	2⏀20	2⏀20	1.(4×4)	φ8@100/200	
KZ-14	基础底~-8.660	500×500	250	250	100	400		4⏀18	2⏀16	2⏀16	1.(4×4)	φ8@100	
	8.660~12.900	500×500	250	250	100	400		4⏀20	2⏀16	2⏀16	1.(4×4)	φ8@100	
KZ-15	基础底~-4.460	400×400	300	100	300	100		4⏀18	1⏀18	2⏀16	1.(3×3)	φ8@100/150	
	-4.460~8.660	350×350	250	100	250	100		4⏀18	1⏀16	1⏀16	1.(3×3)	φ8@100/150	
KZ-16	基础底~-4.460	500×500	100	400	100	400		4⏀20	2⏀16	2⏀16	1.(4×4)	φ8@100/150	
	-4.460~8.660	500×500	100	400	100	400		4⏀18	2⏀16	2⏀16	1.(4×4)	φ8@100/150	
	8.660~12.900	500×500	100	400	100	400		4⏀25	2⏀20	2⏀20	1.(4×4)	φ8@100/200	
KZ-17	基础底~-4.460	400×400	100	300	100	300	8⏀16				1.(3×3)	φ8@100/150	
	-4.460~8.660	350×350	100	250	100	250		4⏀18	1⏀16	1⏀16	1.(3×3)	φ8@100/150	

柱号	标高	b×h (圆柱直径D)	b1	b2	h1	h2	全部纵筋	角筋	b边一侧中部筋	h边一侧中部筋	箍筋类型号	箍筋	备注
KZ-18	基础底~-12.900	300×300	100	200	200	100	8⏀16				1.(3×3)	φ8@100/150	
KZ-19	基础底~-4.460	400×400	100	300	100	300	8⏀16				1.(3×3)	φ8@100	
	-4.460~12.900	300×300	100	200	100	200	8⏀16				1.(3×3)	φ8@100	
KZ-20	基础底~-4.460	350×350	250	100	100	250	8⏀16				1.(3×3)	φ8@100/150	
	-4.460~8.660	300×300	200	100	100	200	8⏀16				1.(3×3)	φ8@100/150	
	8.660~12.900	350×350	250	100	100	250	8⏀16				1.(3×3)	φ8@100/150	
KZ-21	基础底~-4.460	450×450	350	100	100	350	8⏀18				1.(3×3)	φ8@100	
	-4.460~8.660	400×400	300	100	100	300	8⏀16				1.(3×3)	φ8@100	
	8.660~12.900	400×400	300	100	100	300	8⏀22				1.(3×3)	φ8@100	
KZ-22	基础底~-4.460	400×400	200	200	300	100	8⏀18				1.(3×3)	φ8@100/150	
	-4.460~8.660	350×350	175	175	250	100		4⏀18	1⏀16	1⏀16	1.(3×3)	φ8@100/150	
KZ-23	基础底~-4.460	350×350	250	100	100	250	8⏀16				1.(3×3)	φ8@100/150	
	-4.460~8.660	350×350	250	100	100	250		4⏀18	1⏀16	1⏀16	1.(3×3)	φ8@100/150	
	8.660~12.900	350×350	250	100	100	250	8⏀16				1.(3×3)	φ8@100/150	
KZ-24	基础底~-4.460	400×400	300	100	100	300	8⏀16				1.(3×3)	φ8@100/150	
	-4.460~8.660	350×350	250	100	100	250		4⏀20	1⏀16	1⏀16	1.(3×3)	φ8@100/150	
KZ-25	基础底~-4.460	400×400	300	100	100	300	8⏀18				1.(3×3)	φ8@100/150	
	-4.460~8.660	350×350	250	100	100	250		4⏀18	1⏀16	1⏀16	1.(3×3)	φ8@100/150	
KZ-26	基础底~-4.460	400×400	300	100	100	300		4⏀18	1⏀16	1⏀16	1.(3×3)	φ8@100/150	
	-4.460~8.660	350×350	250	100	100	250	8⏀16				1.(3×3)	φ8@100/150	
KZ-27	基础底~-4.460	300×300	200	100	100	200	8⏀16				1.(3×3)	φ8@100/150	
KZ-28	基础底~-4.460	300×300	200	100	200	100	8⏀16				1.(3×3)	φ8@100/150	
KZ-29	基础底~-12.900	300×300	200	100	100	200	8⏀16				1.(3×3)	φ8@100/150	
KZ-30	基础底~-4.460	400×400	100	300	100	300	8⏀22				1.(3×3)	φ8@100/200	
	-4.460~12.900	350×350	100	250	100	250		4⏀18	1⏀16	1⏀16	1.(3×3)	φ8@100/150	
	12.900~17.400	350×350	100	250	100	250		4⏀20	1⏀18	1⏀16	1.(3×3)	φ8@100/150	
KZ-31	基础底~-4.460	400×400	100	300	300	100	8⏀22				1.(3×3)	φ8@100/200	
	-4.460~12.900	350×350	100	250	250	100	8⏀16				1.(3×3)	φ8@100/150	
	12.900~17.400	350×350	100	250	250	100		4⏀22	1⏀20	1⏀16	1.(3×3)	φ8@100/150	
KZ-32	基础底~-4.460	400×400	300	100	100	300	8⏀20				1.(3×3)	φ8@100/150	
	-4.460~12.900	350×350	250	100	100	250	8⏀16				1.(3×3)	φ8@100/150	
	12.900~17.400	350×350	250	100	100	250		4⏀20	1⏀16	1⏀16	1.(3×3)	φ8@100/150	
KZ-33	基础底~-4.460	400×400	300	100	300	100		4⏀22	1⏀22	1⏀20	1.(3×3)	φ8@100/200	
	-4.460~12.900	350×350	250	100	250	100	8⏀16				1.(3×3)	φ8@100/150	
	12.900~17.400	350×350	250	100	250	100		4⏀20	1⏀20	1⏀16	1.(3×3)	φ8@100/150	

某办公楼柱平法施工图（二）

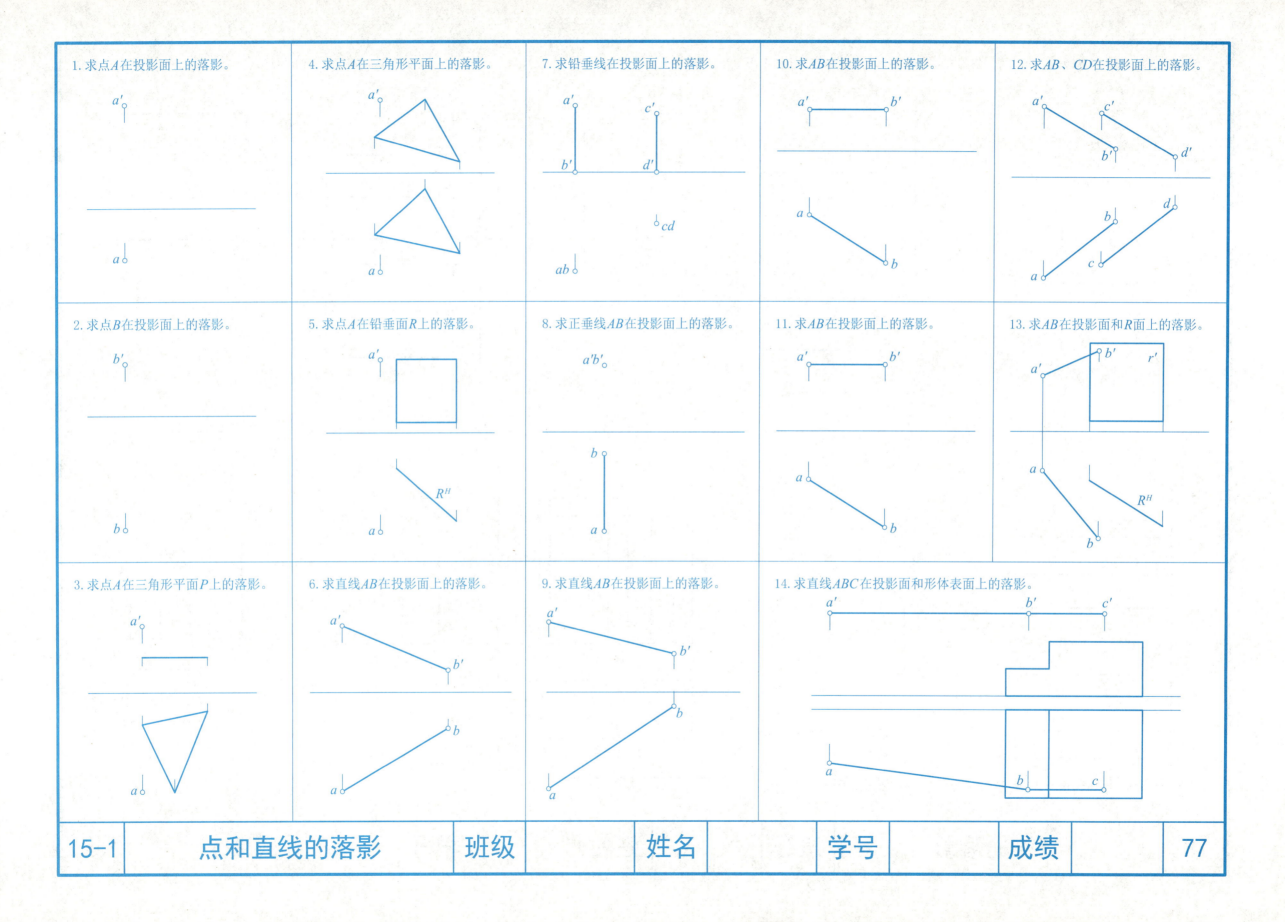

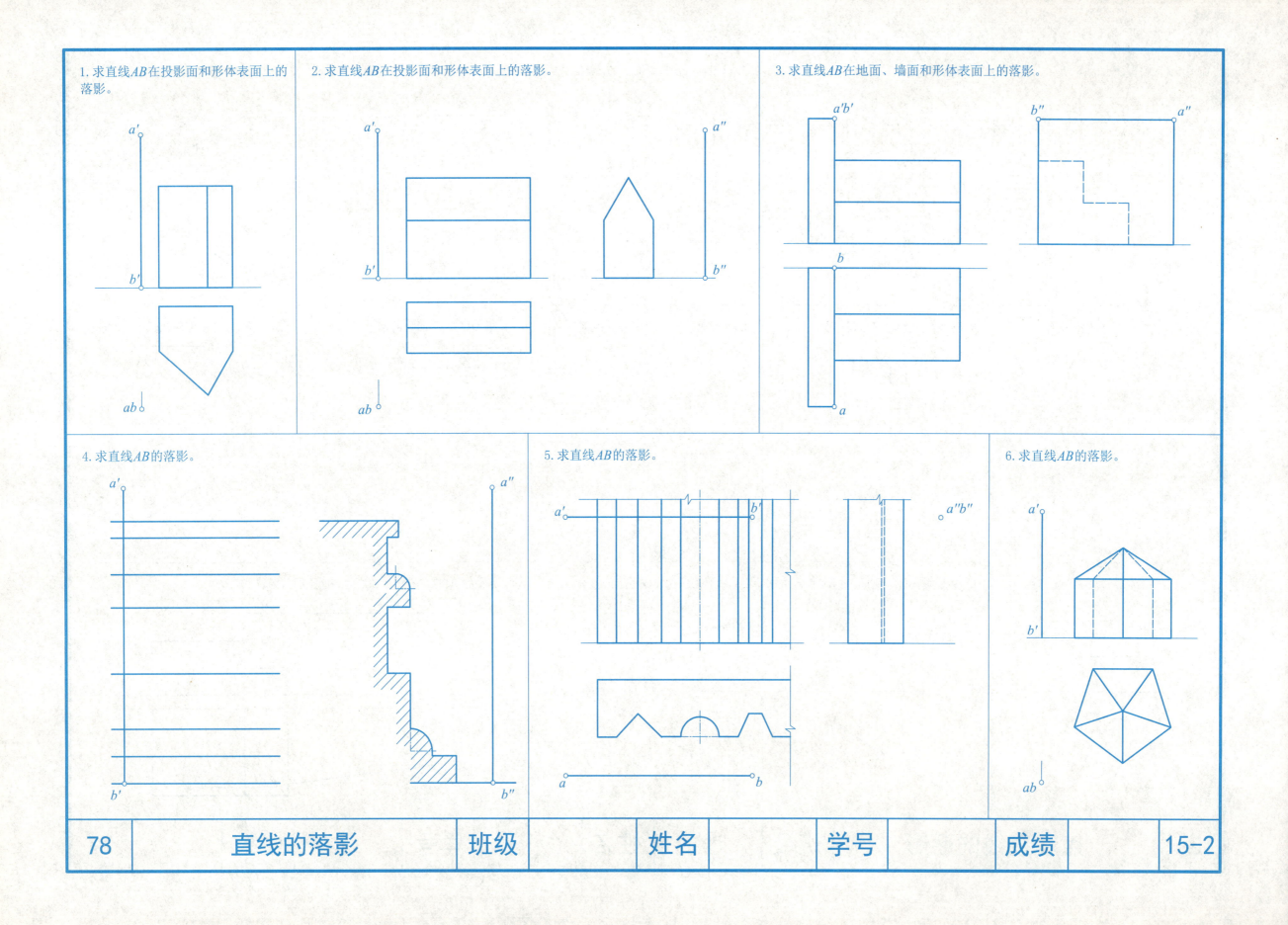

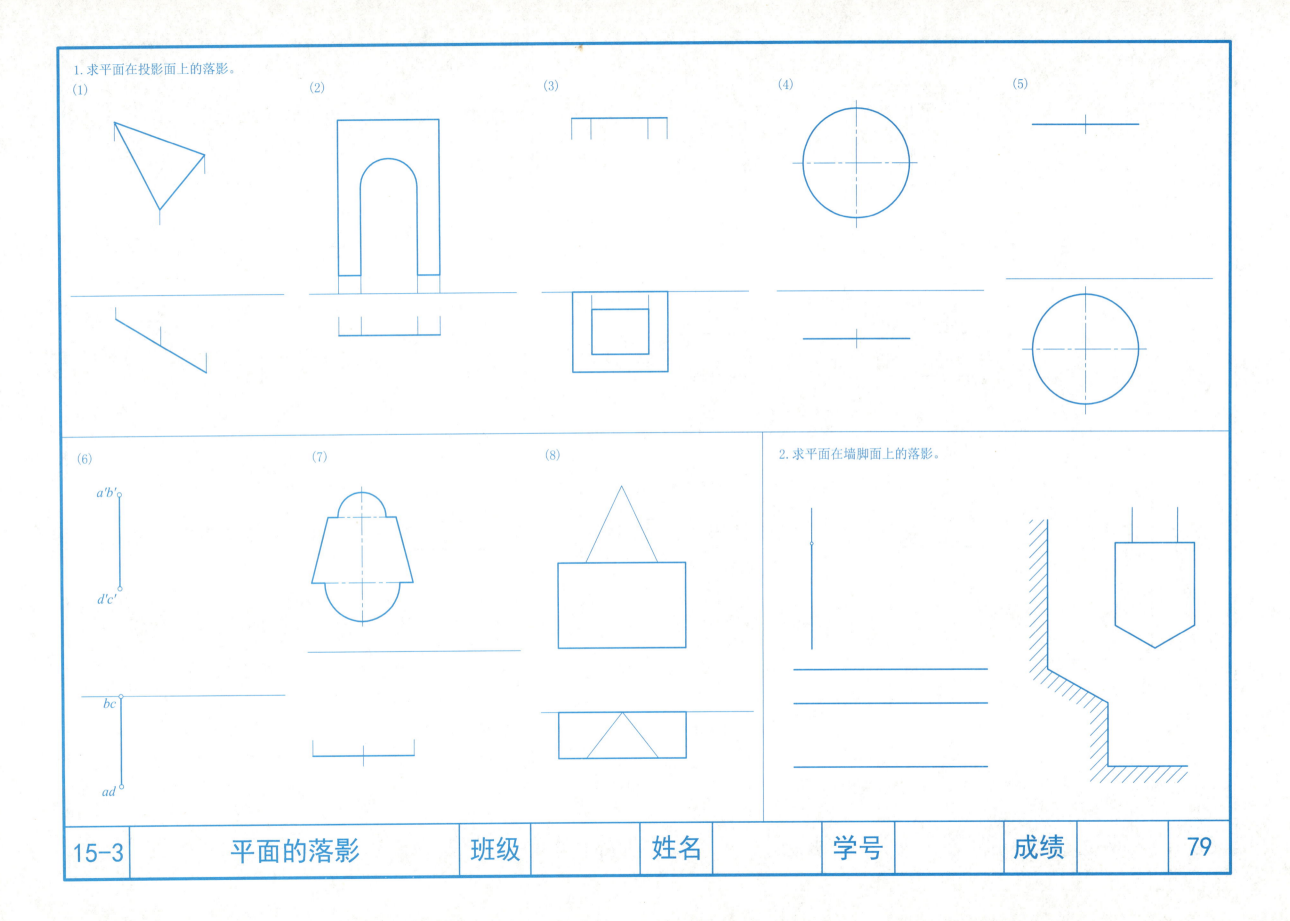

1. 求长方体的阴影。
(1)　　　　(2)　　　　(3)

2. 求四棱柱的阴影。

3. 求三棱柱的阴影。

4. 求三棱台的阴影。

5. 求五边形水平板的阴影。
(1)　　　　(2)　　　　(3)

6. 求四边形倾斜板的阴影。

| 80 | 平面立体的阴影（一） | 班级 | 姓名 | 学号 | 成绩 | 16-1 |

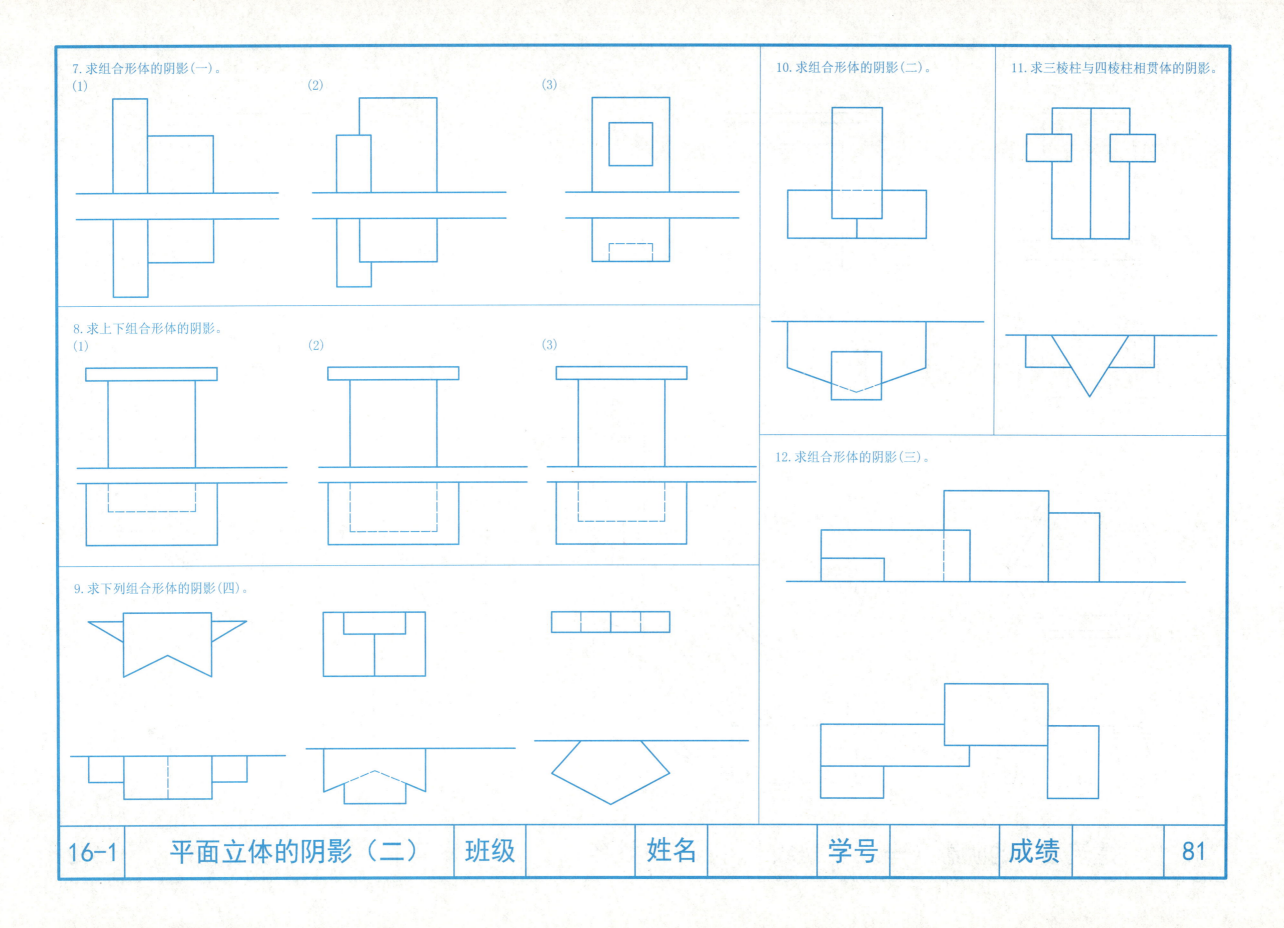

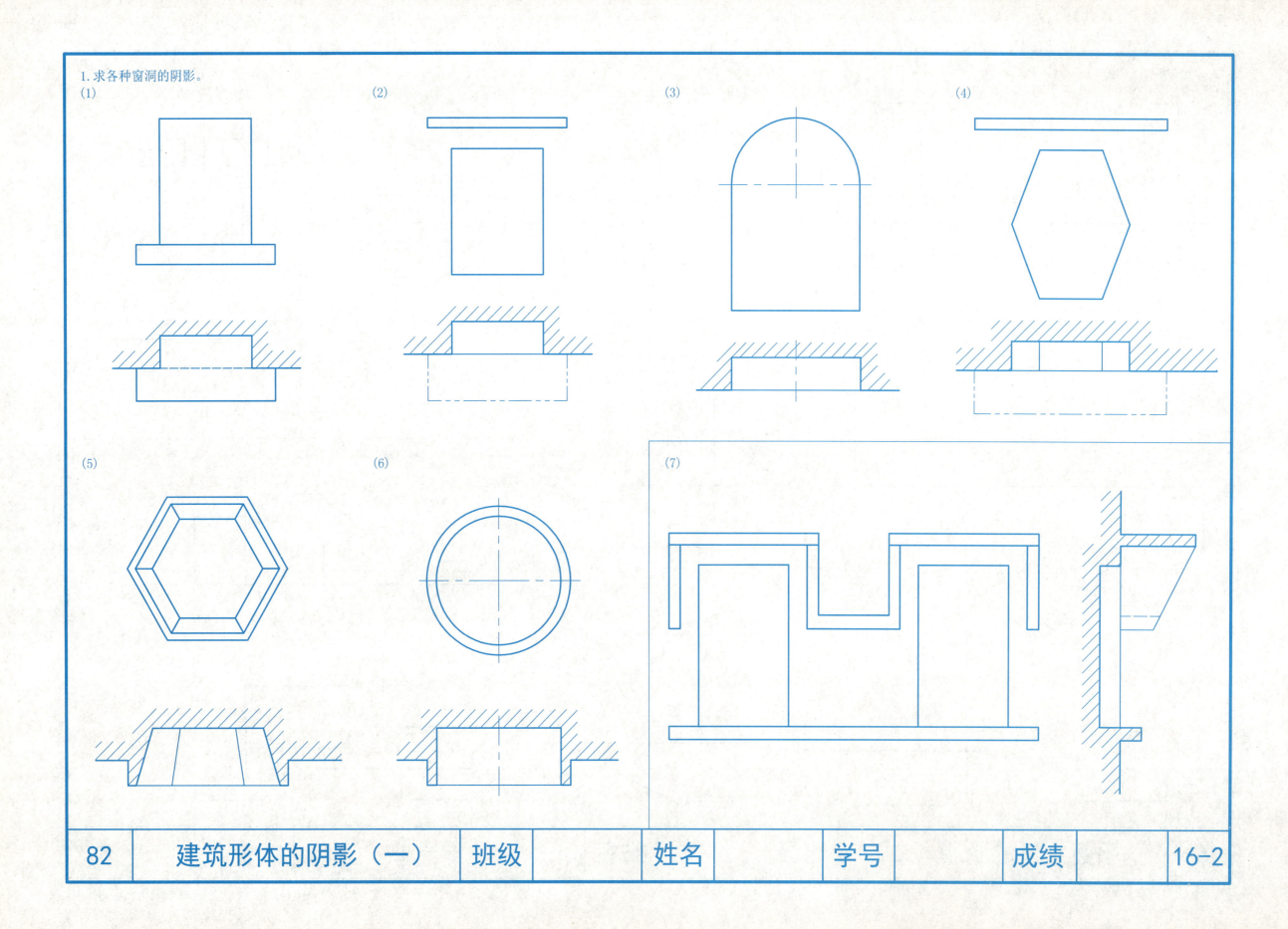

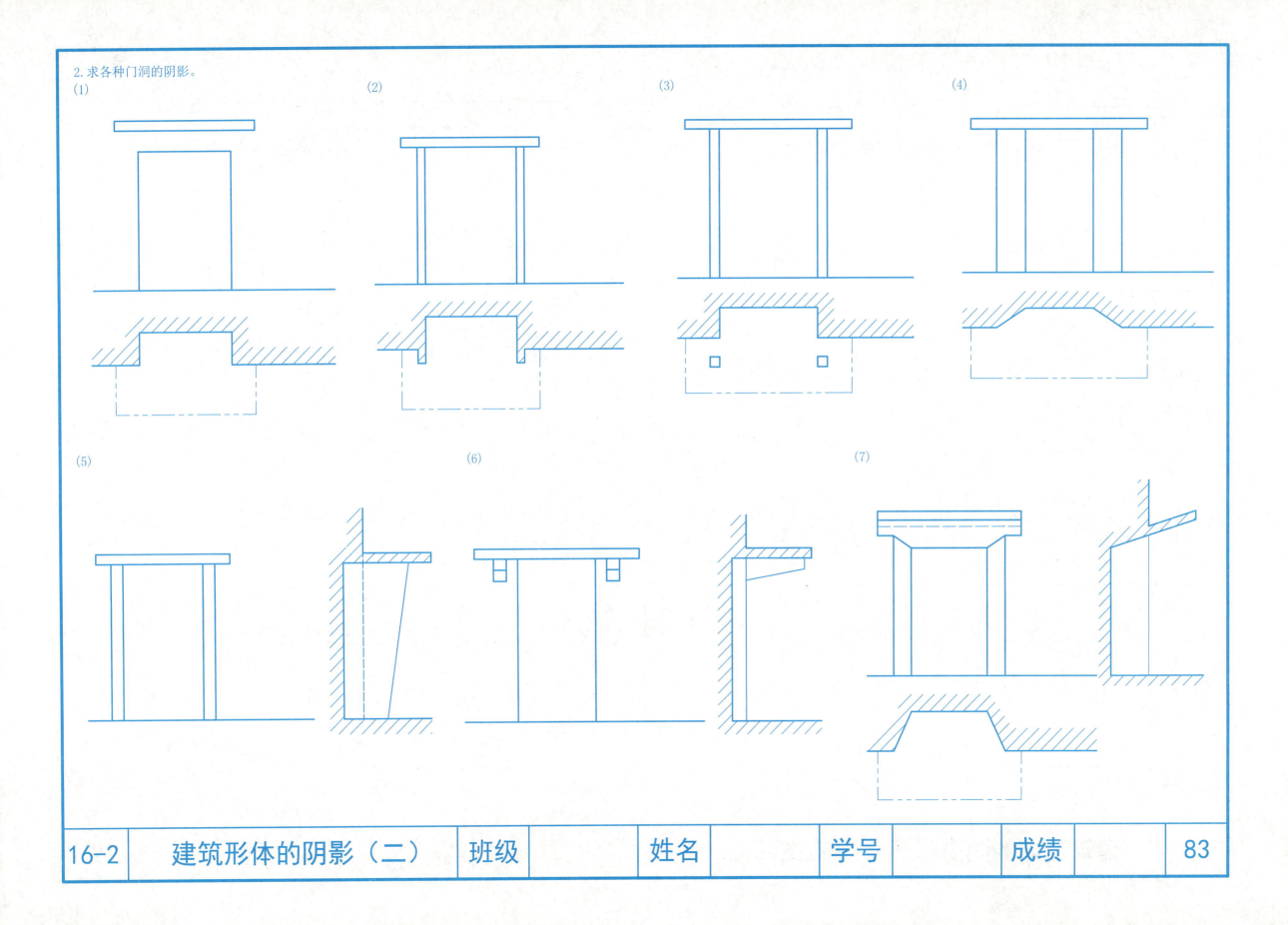

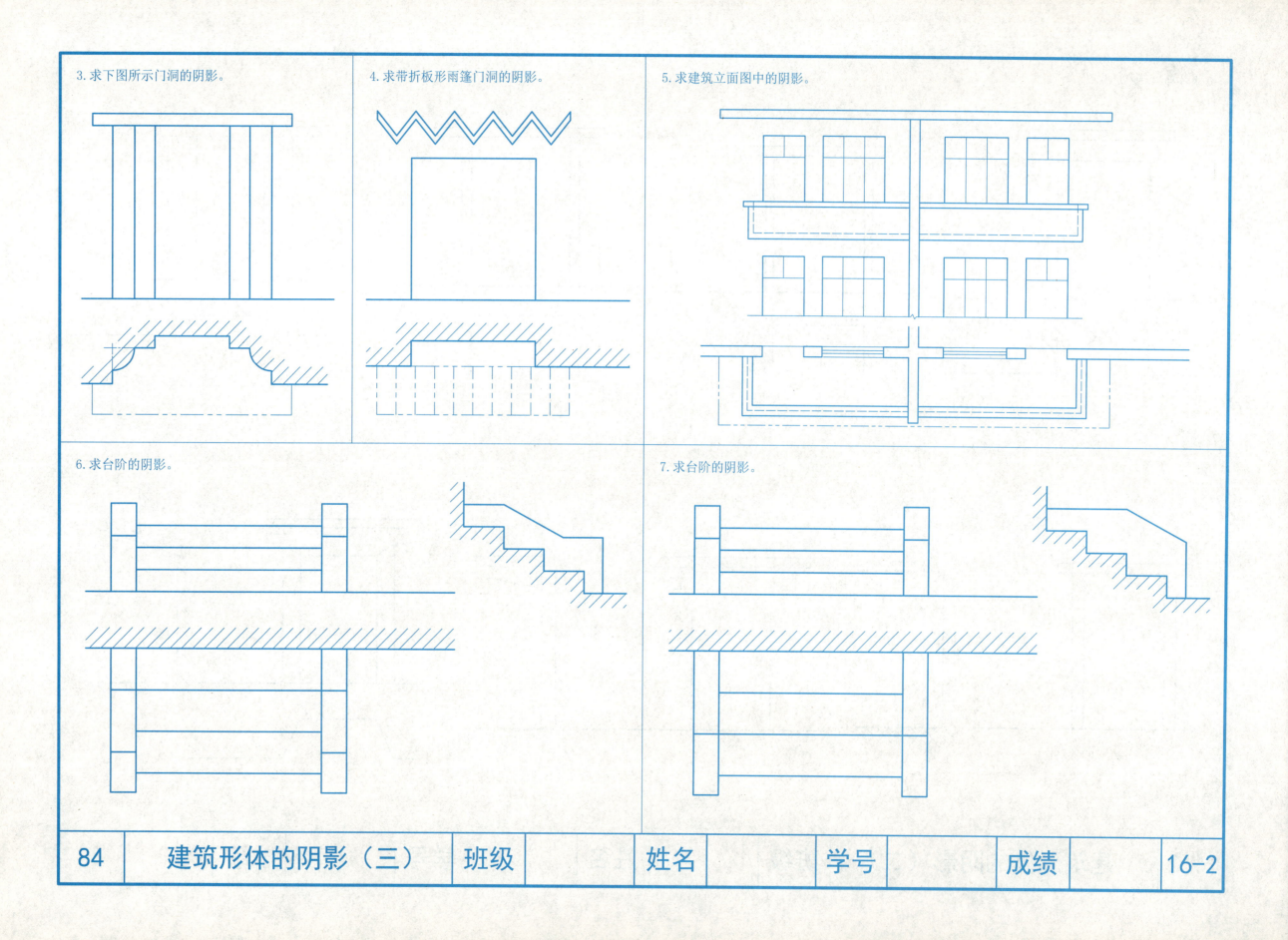

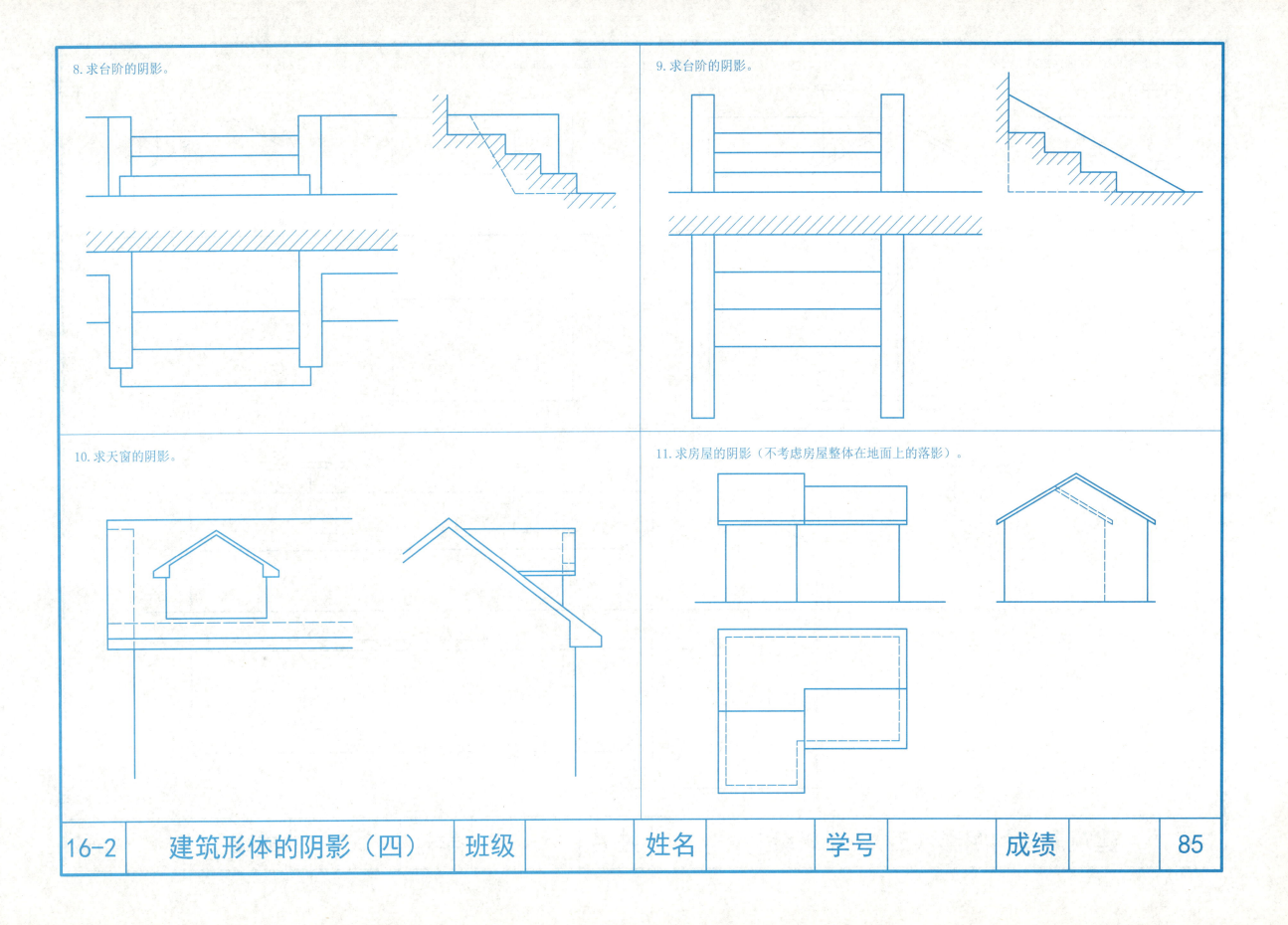

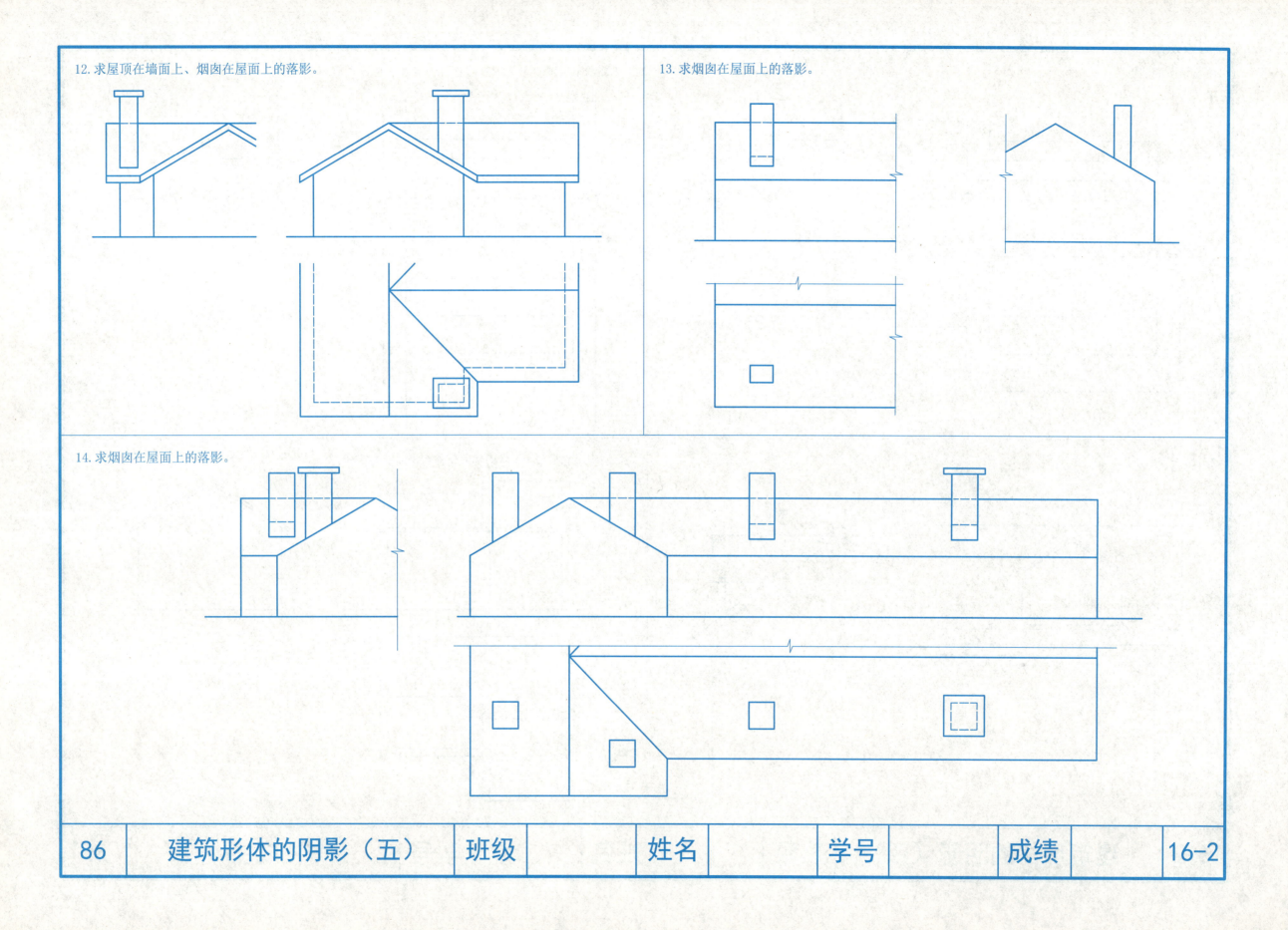

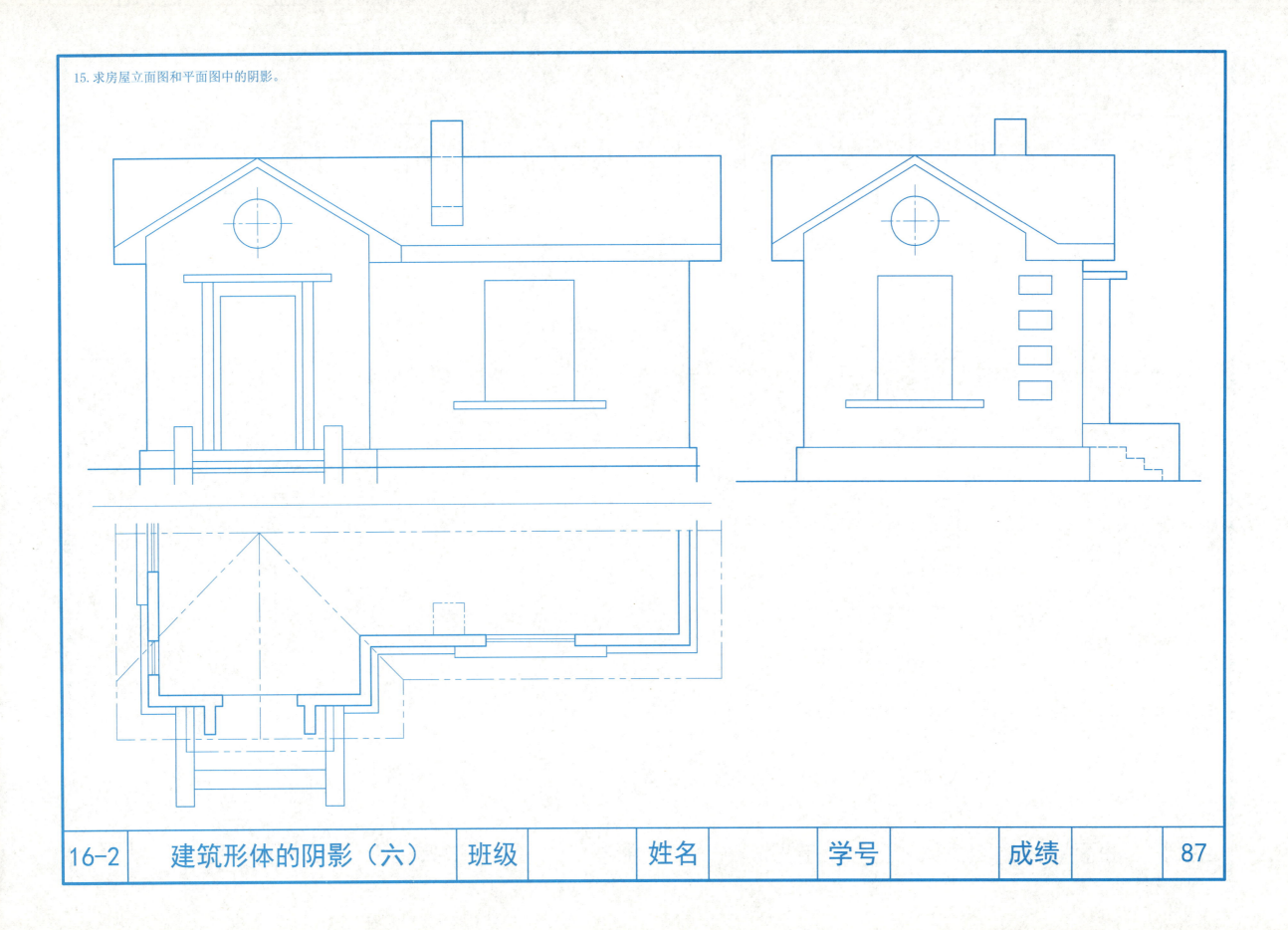

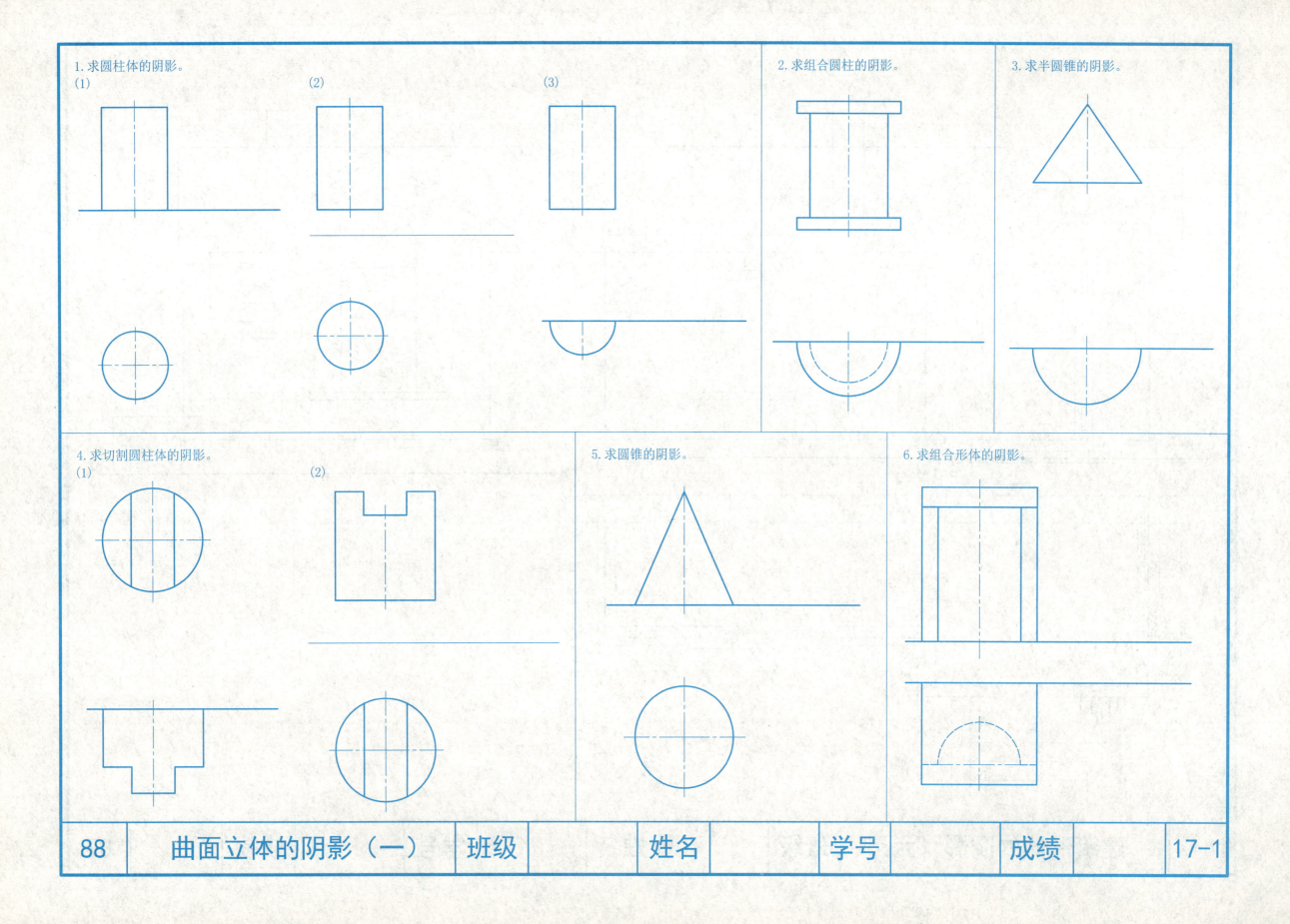

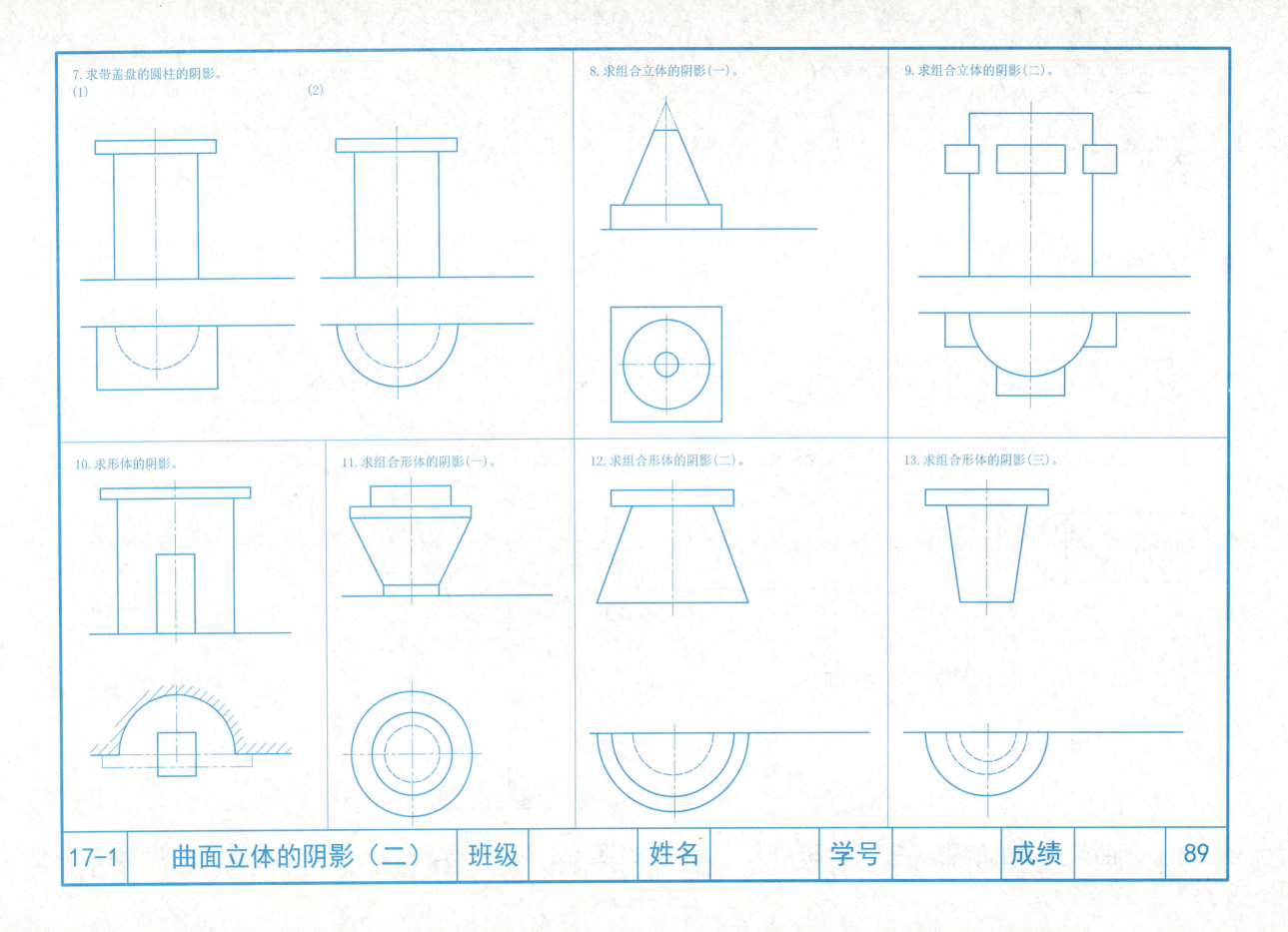

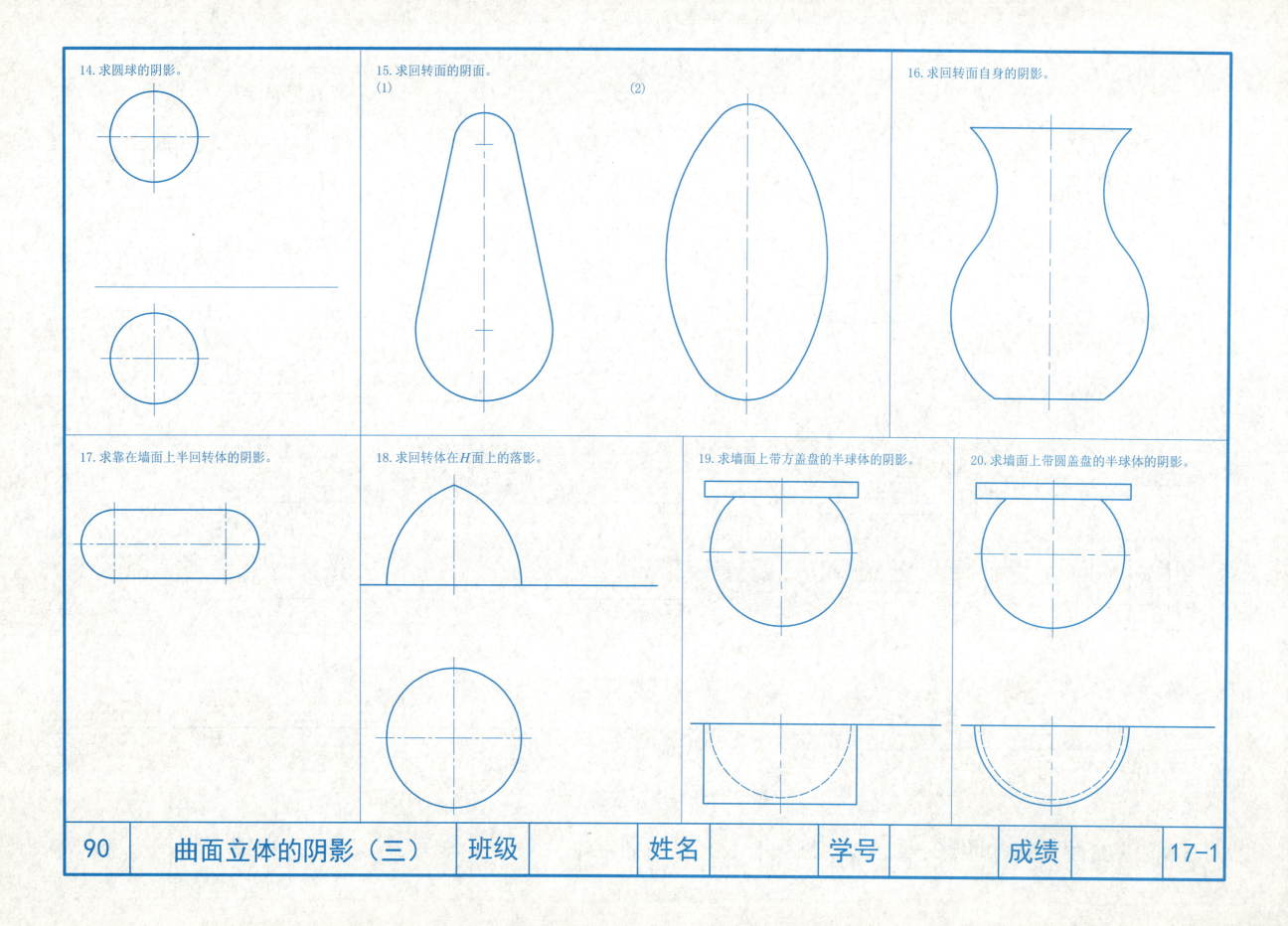

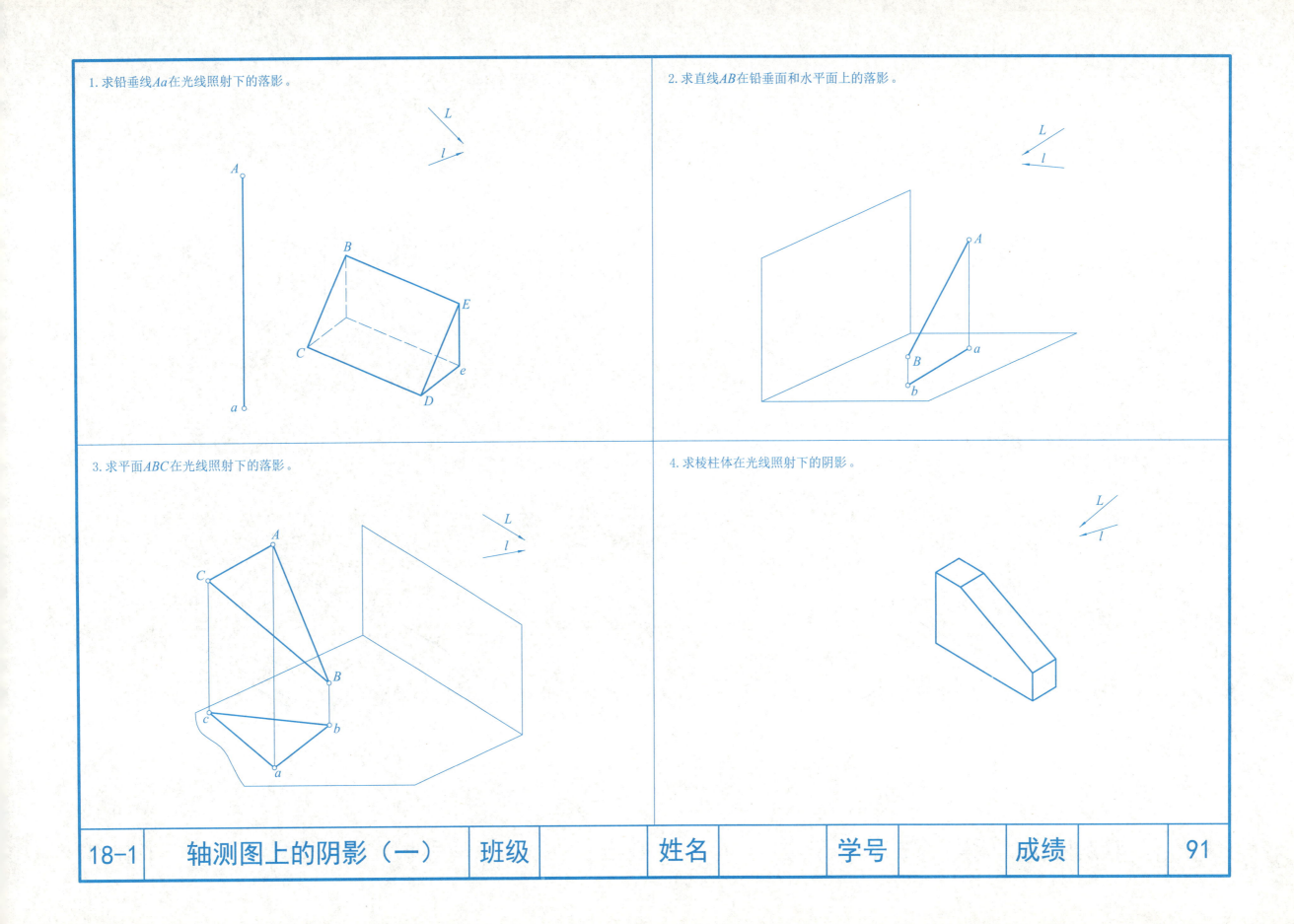

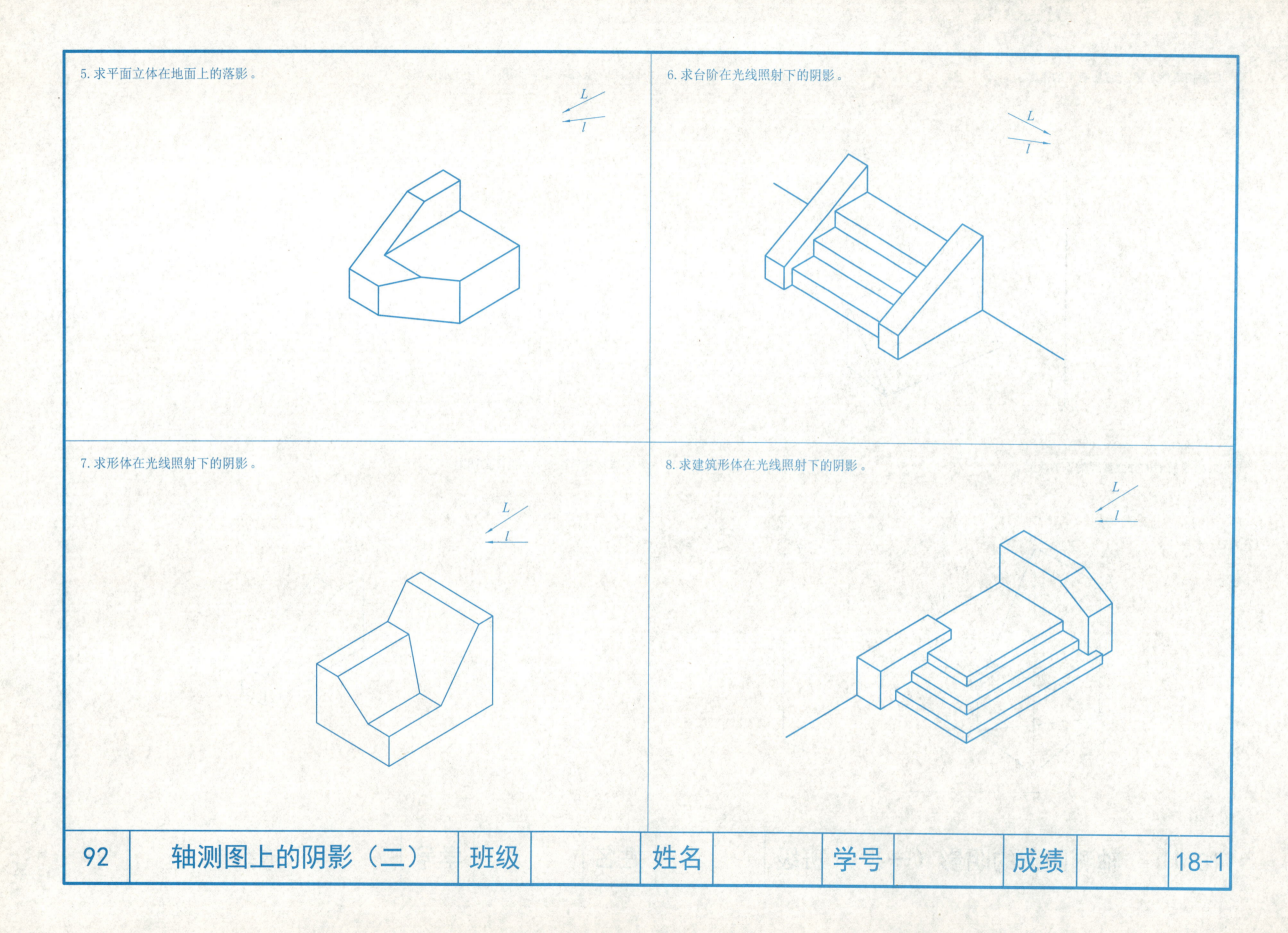

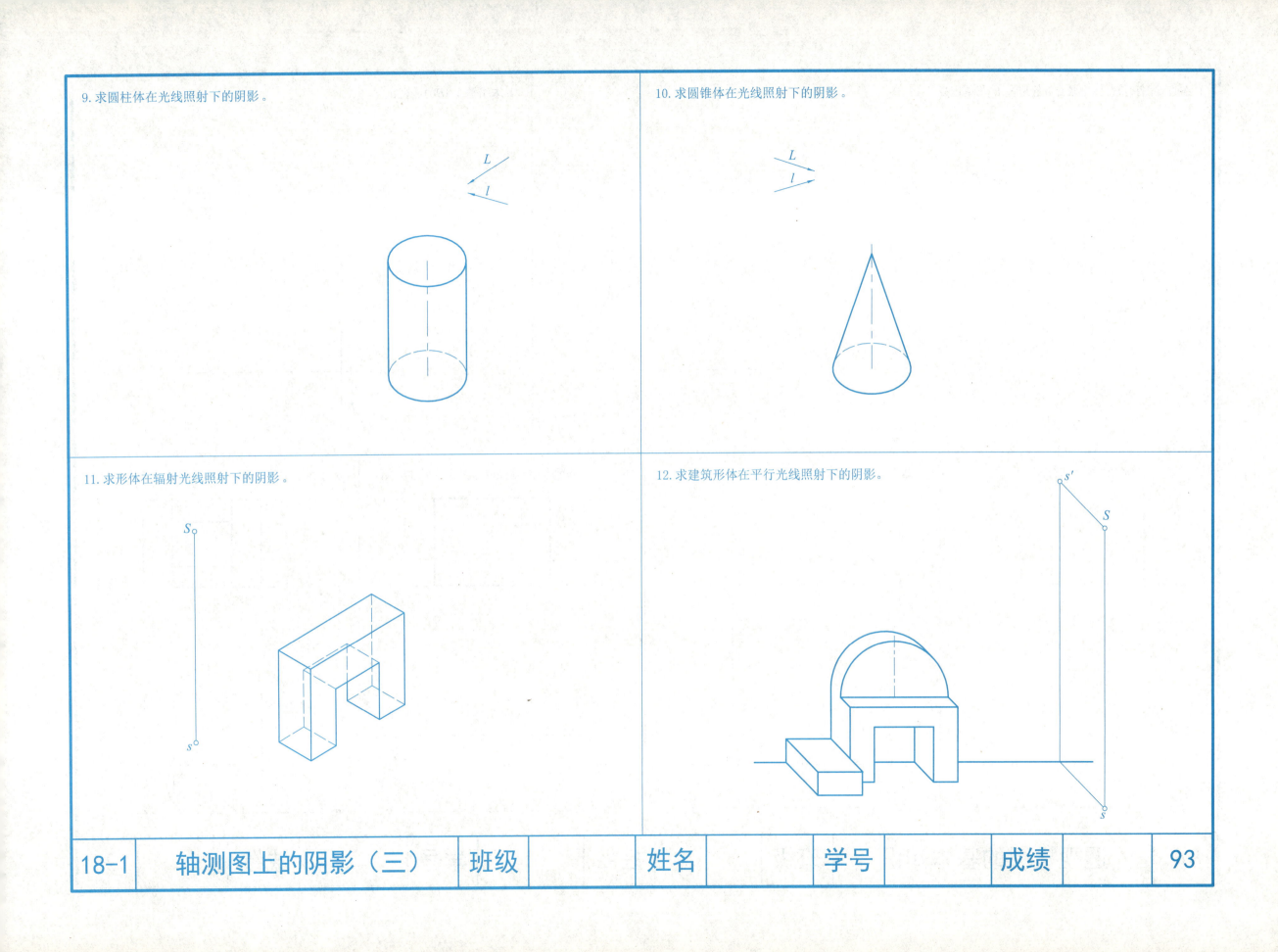

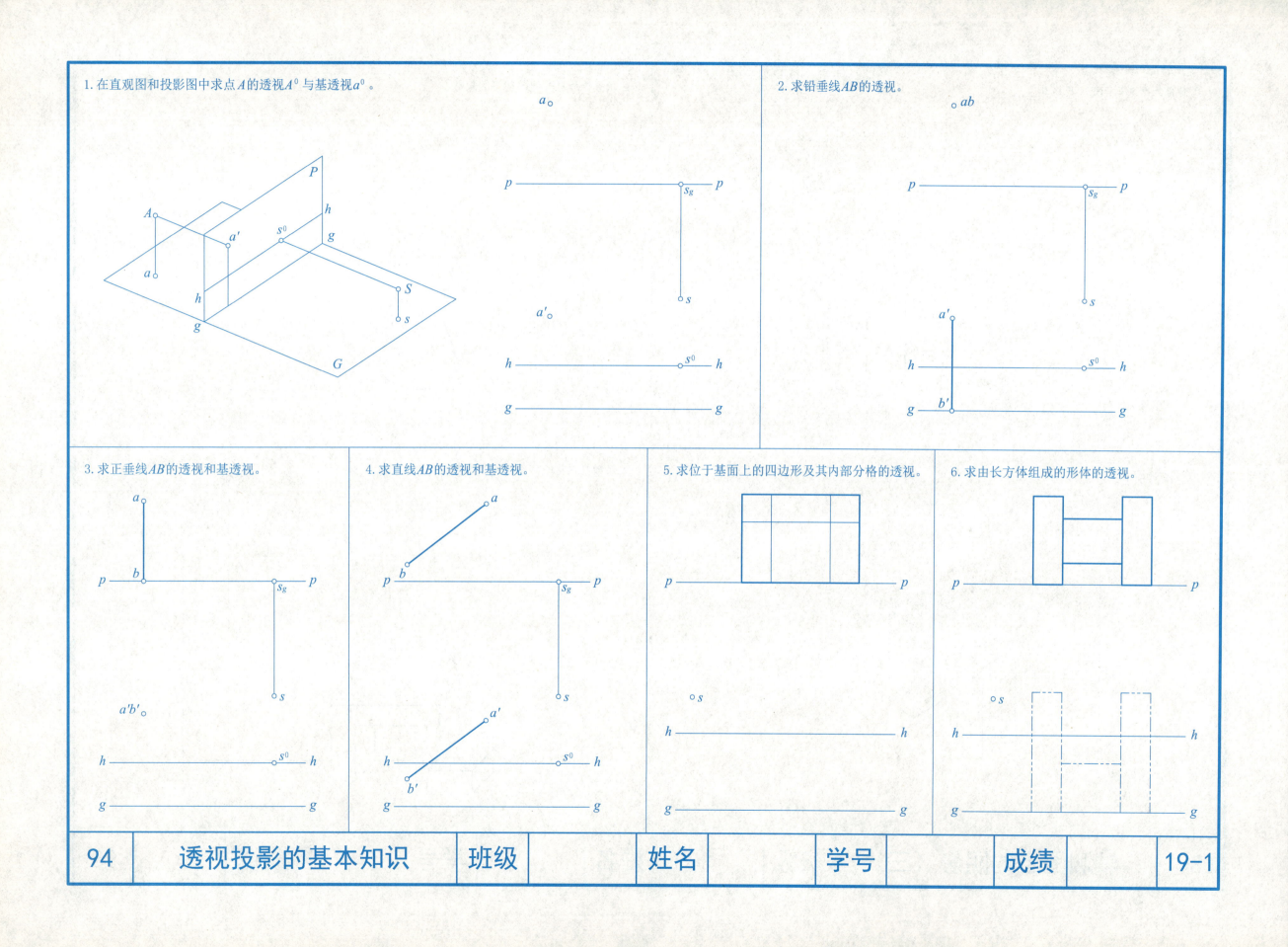

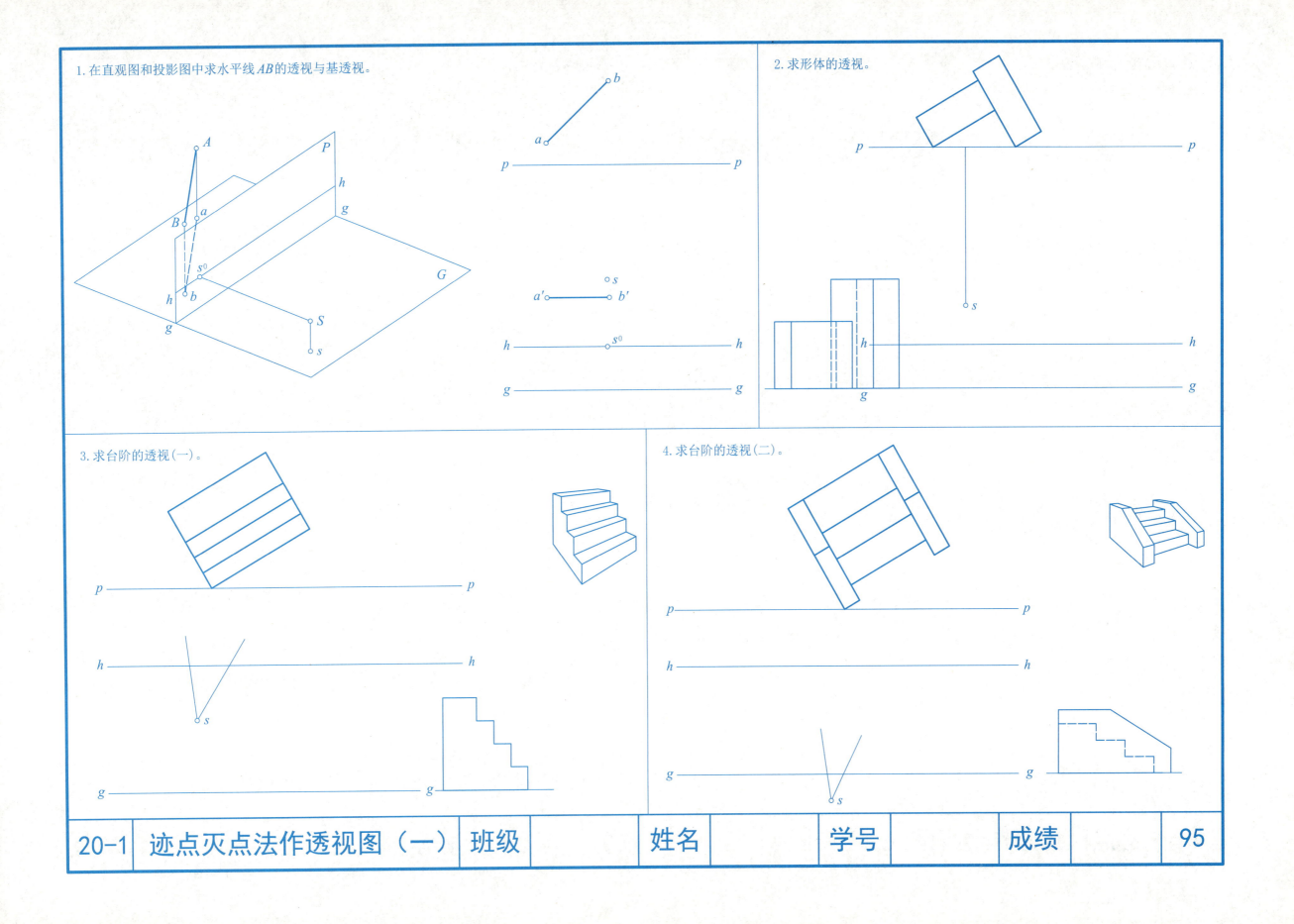

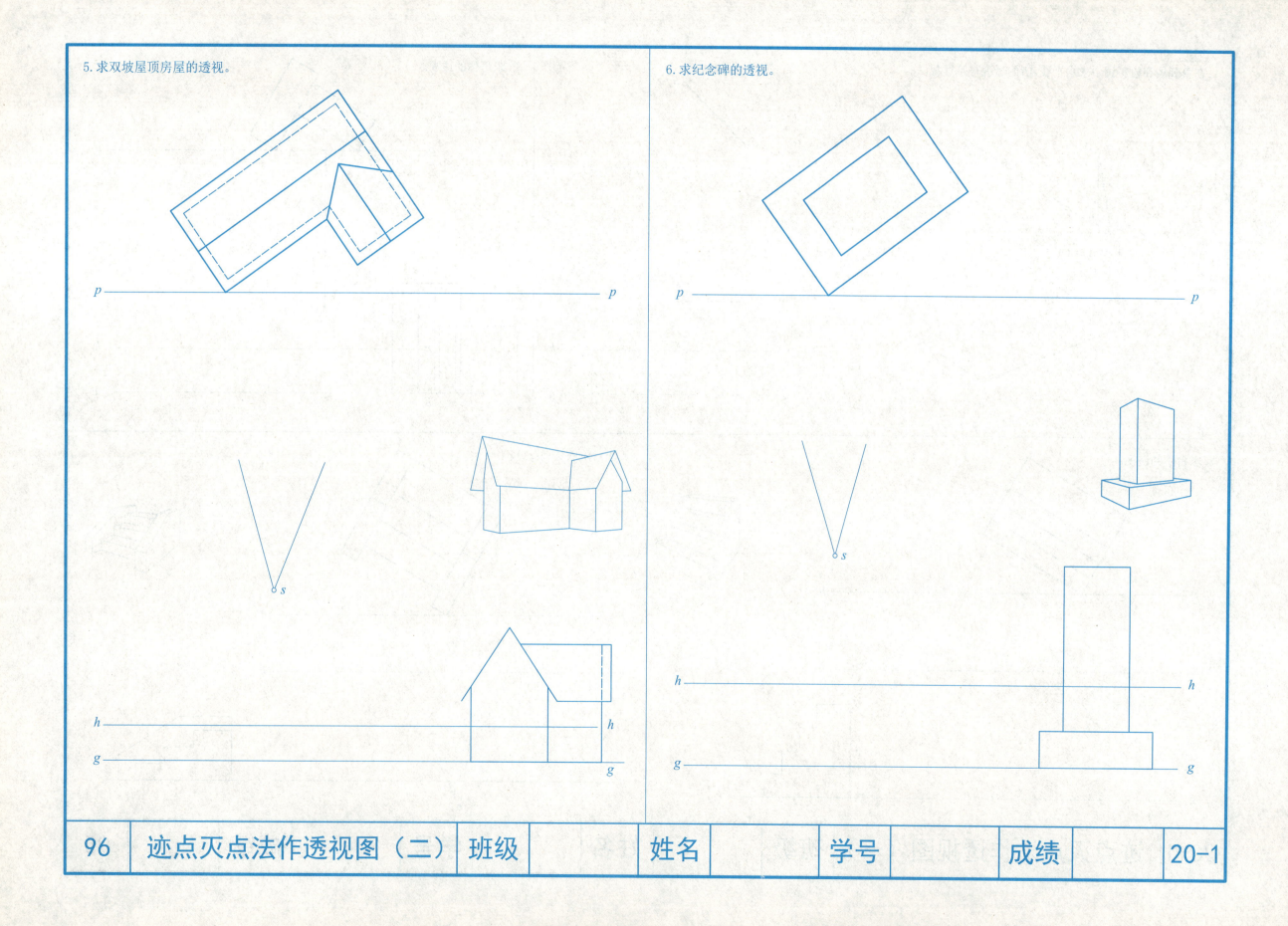

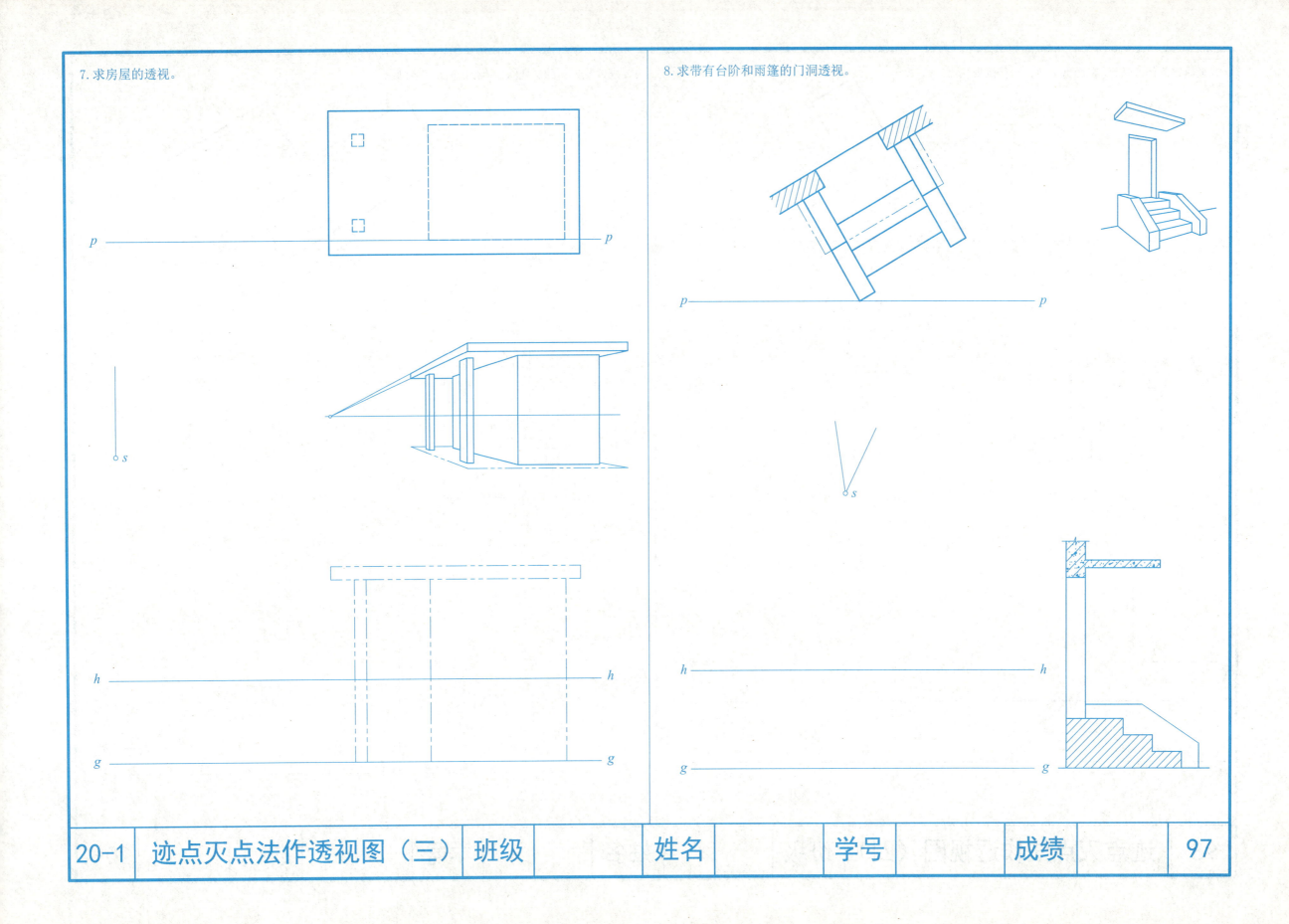

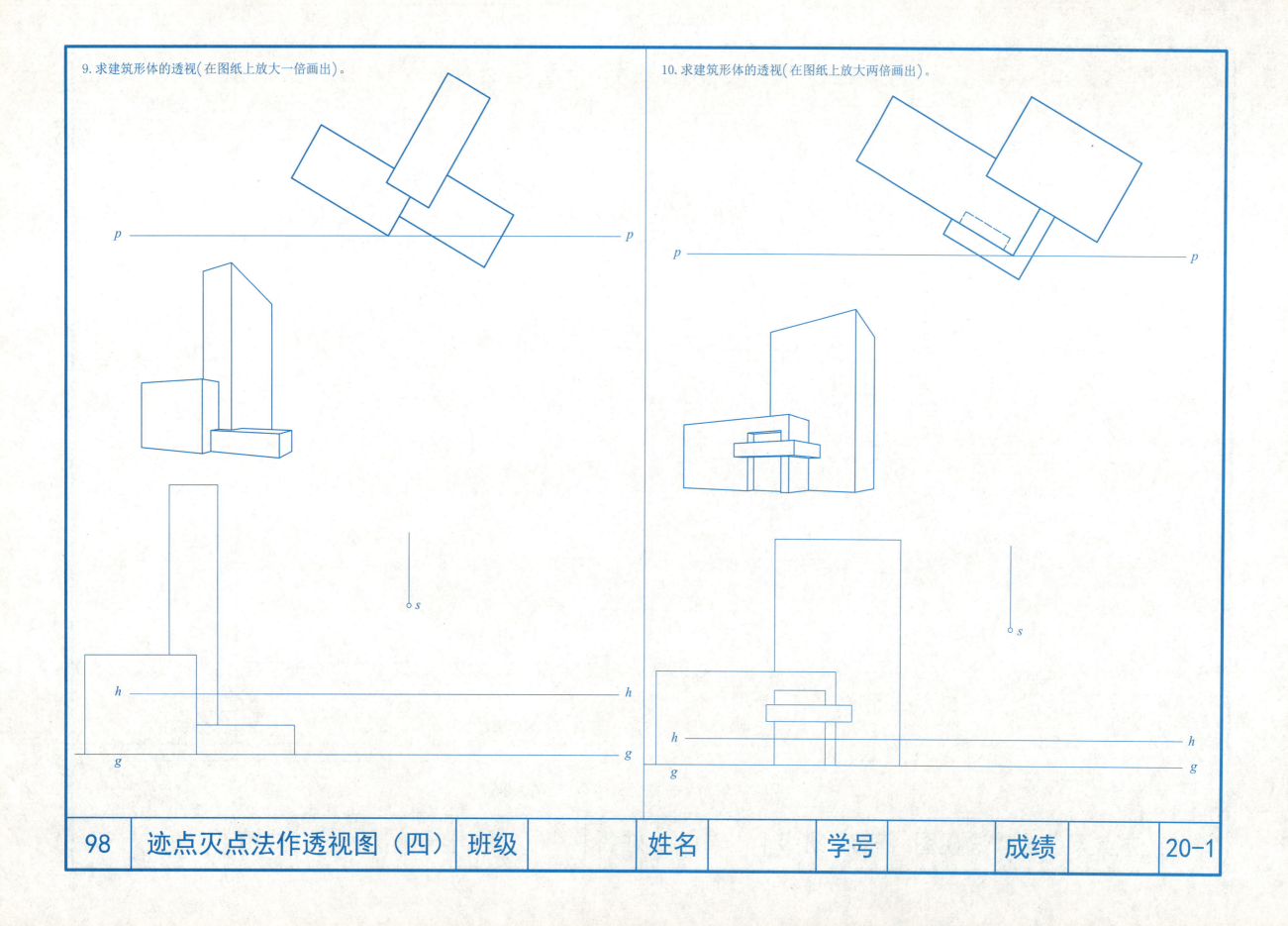

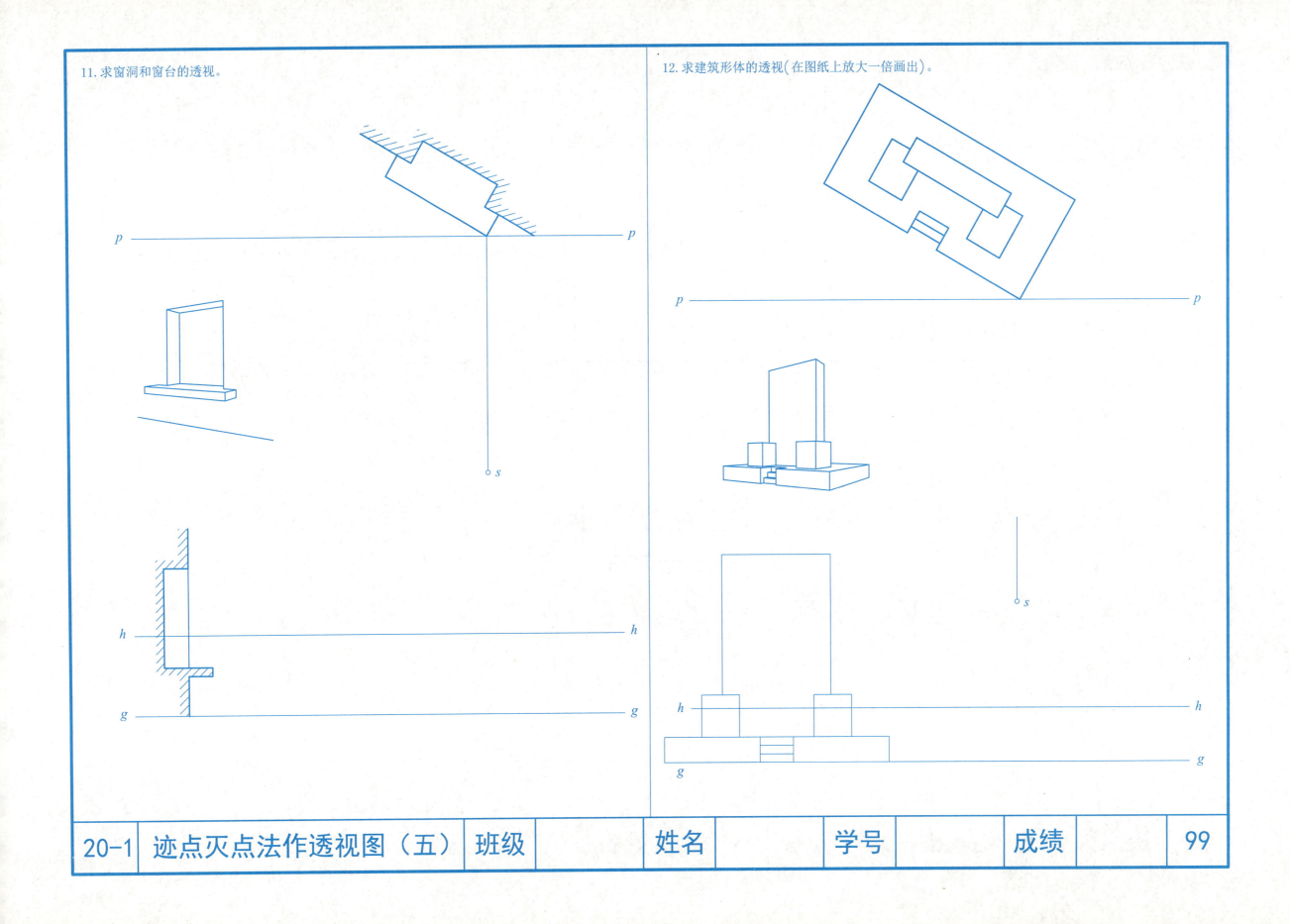

13. 放大一倍画出房屋的的透视。

135

| 100 | 迹点灭点法作透视图（六） | 班级 | | 姓名 | | 学号 | | 成绩 | | 20-1 |

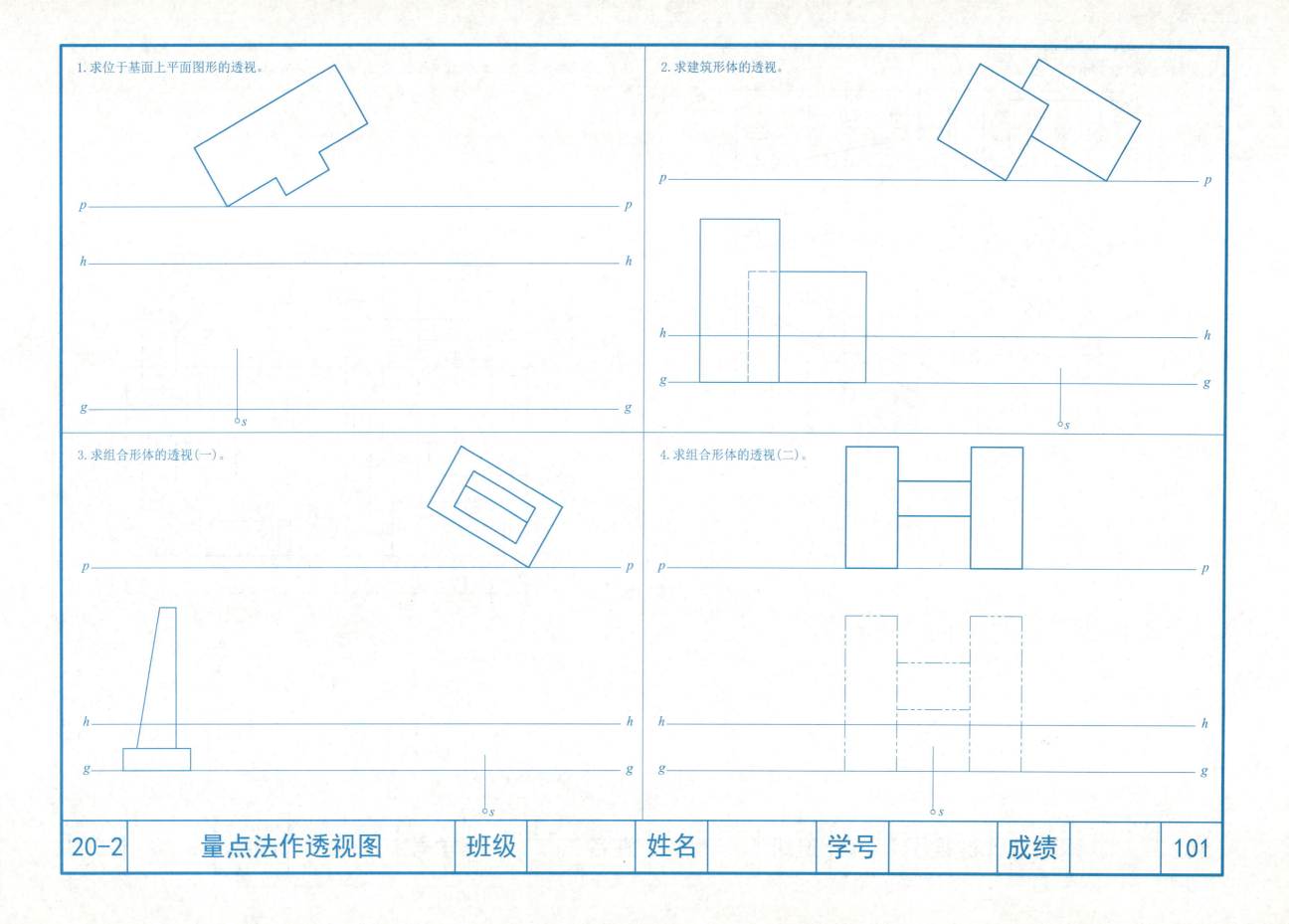

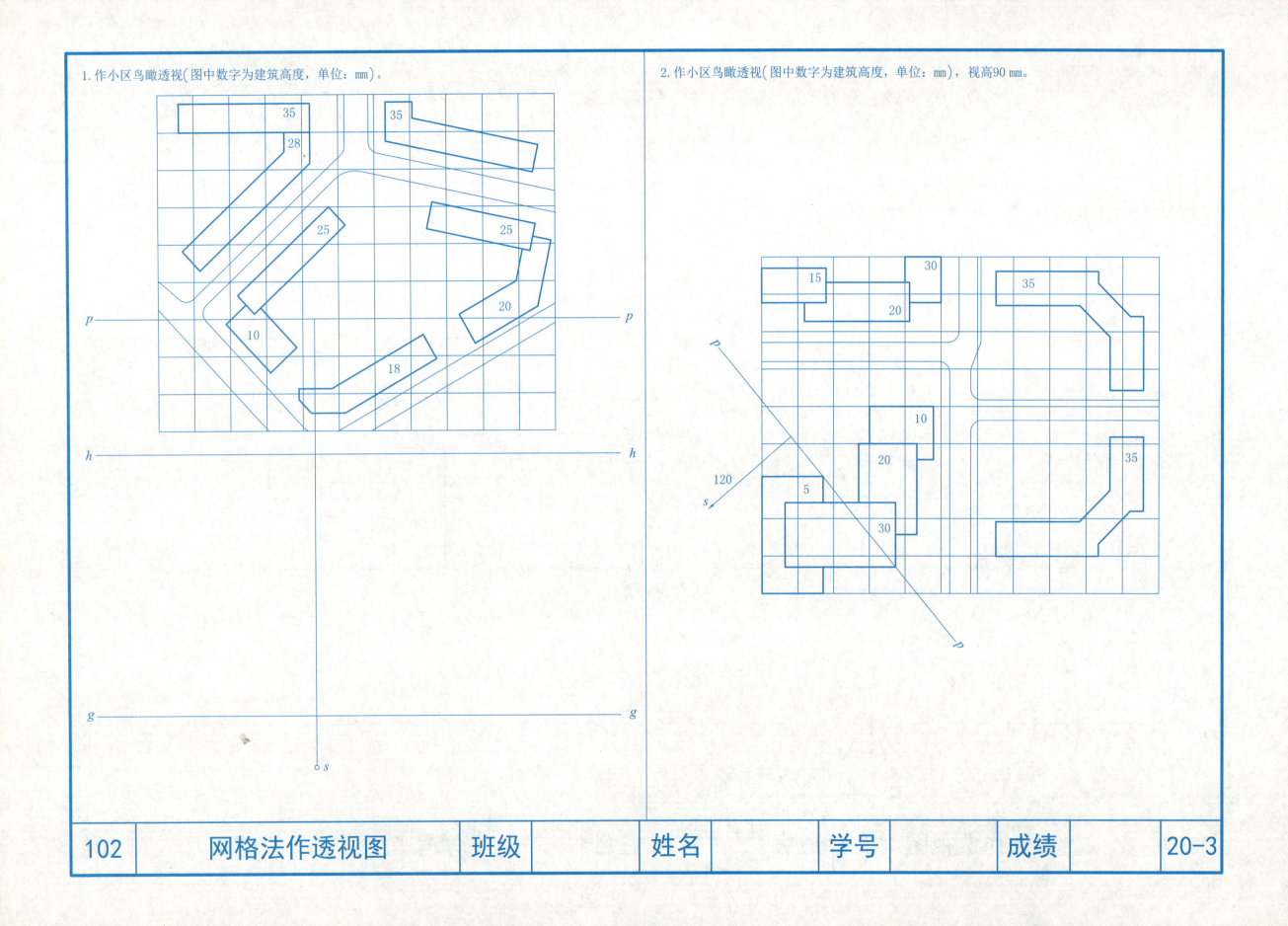

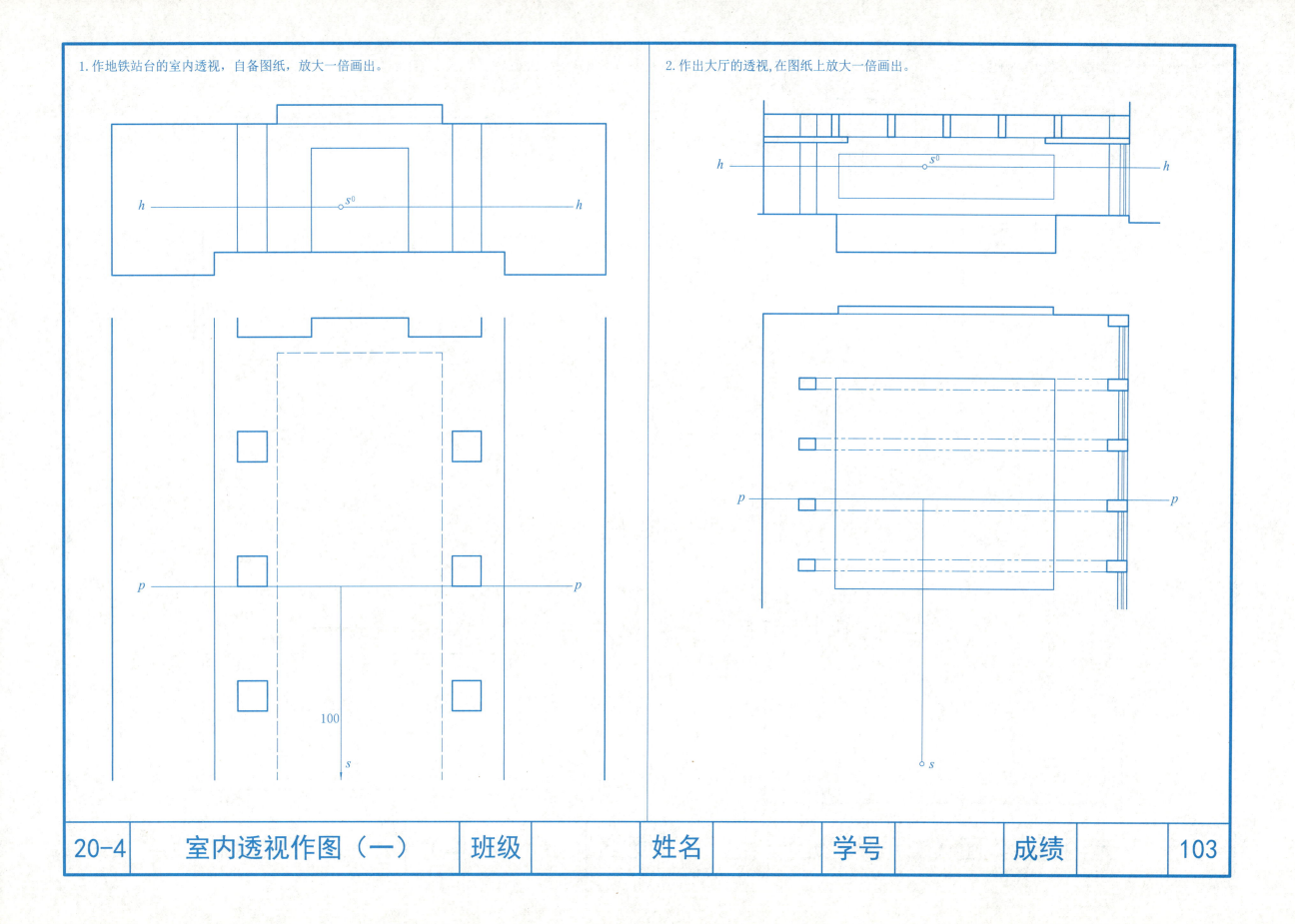

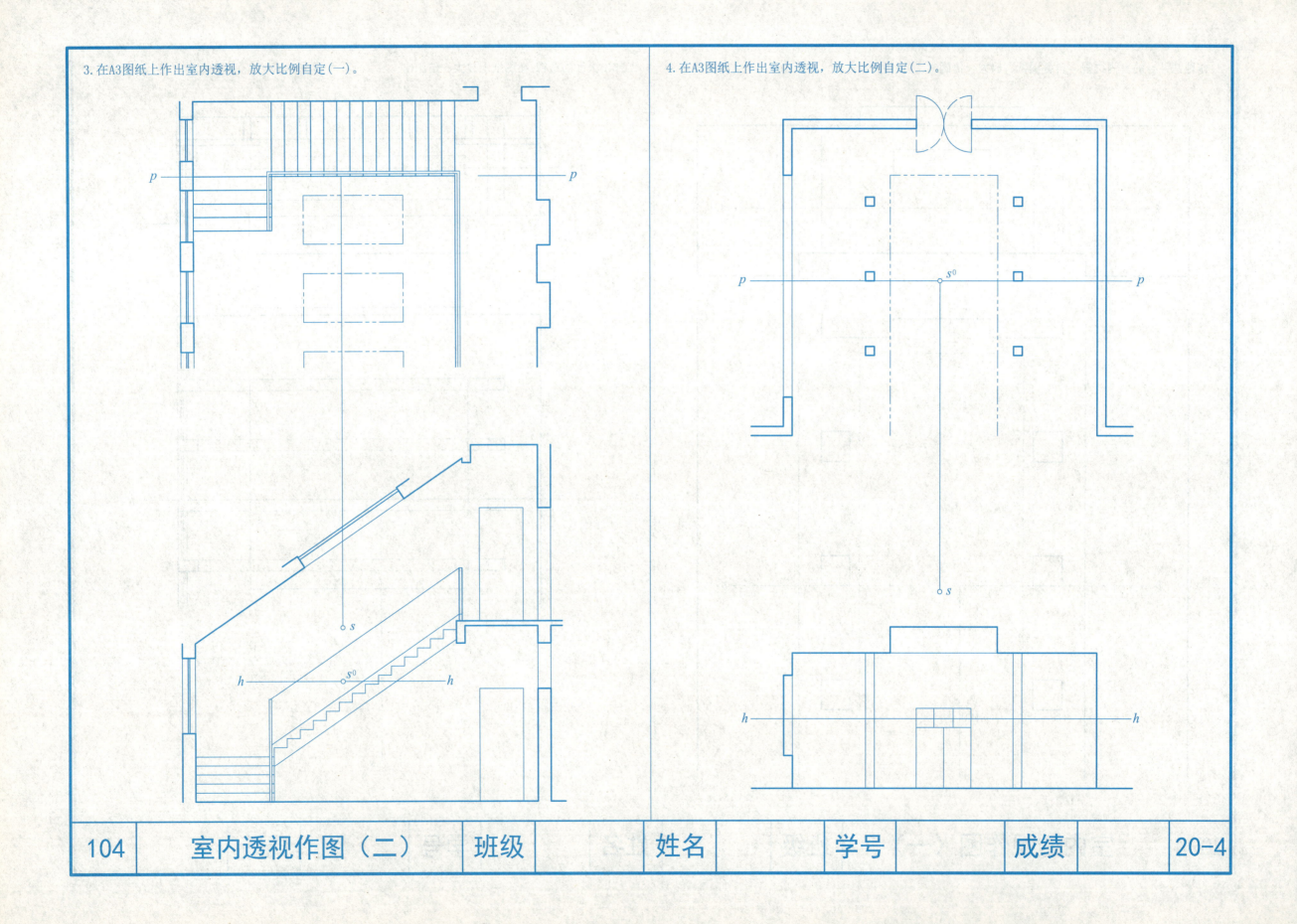

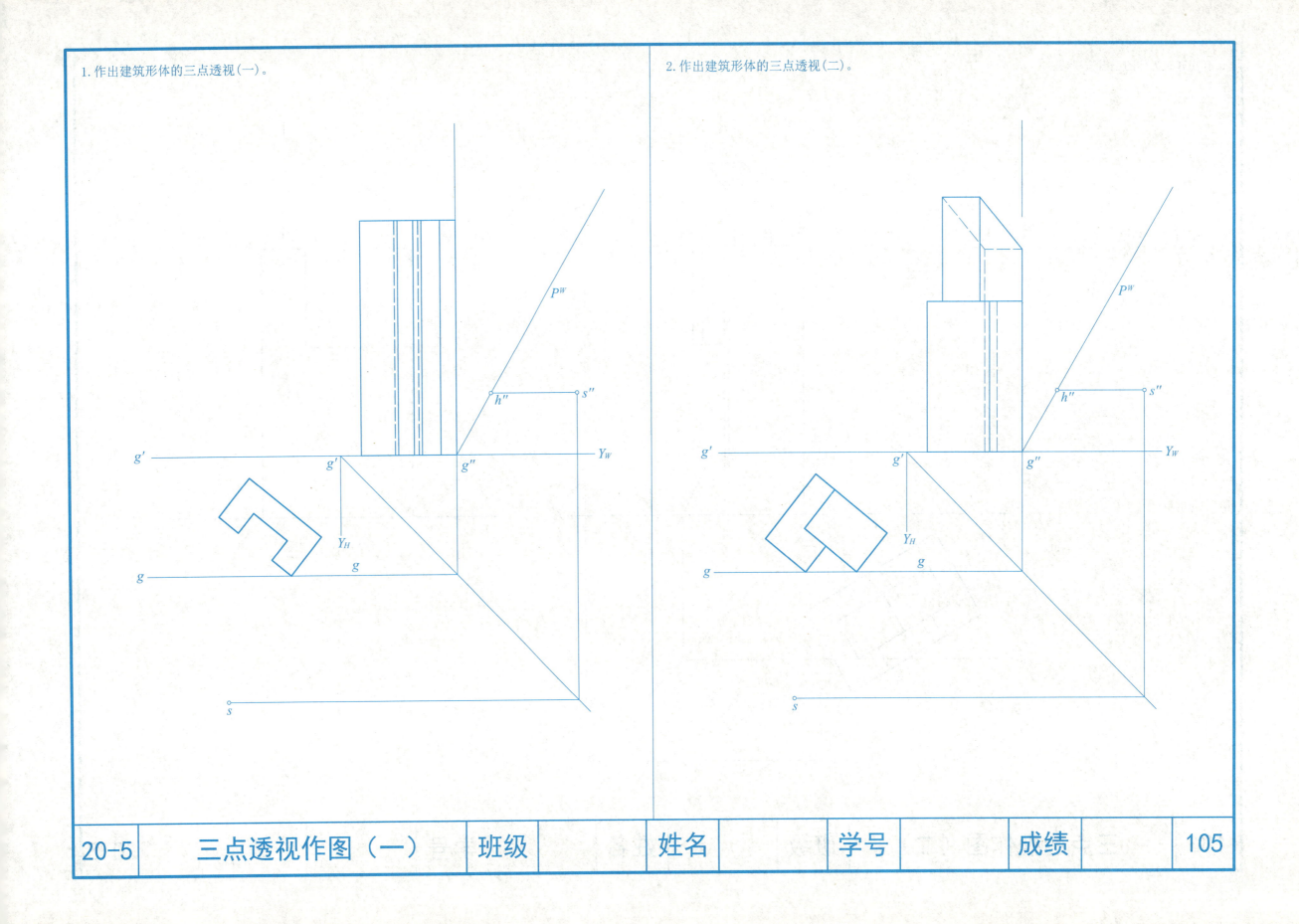

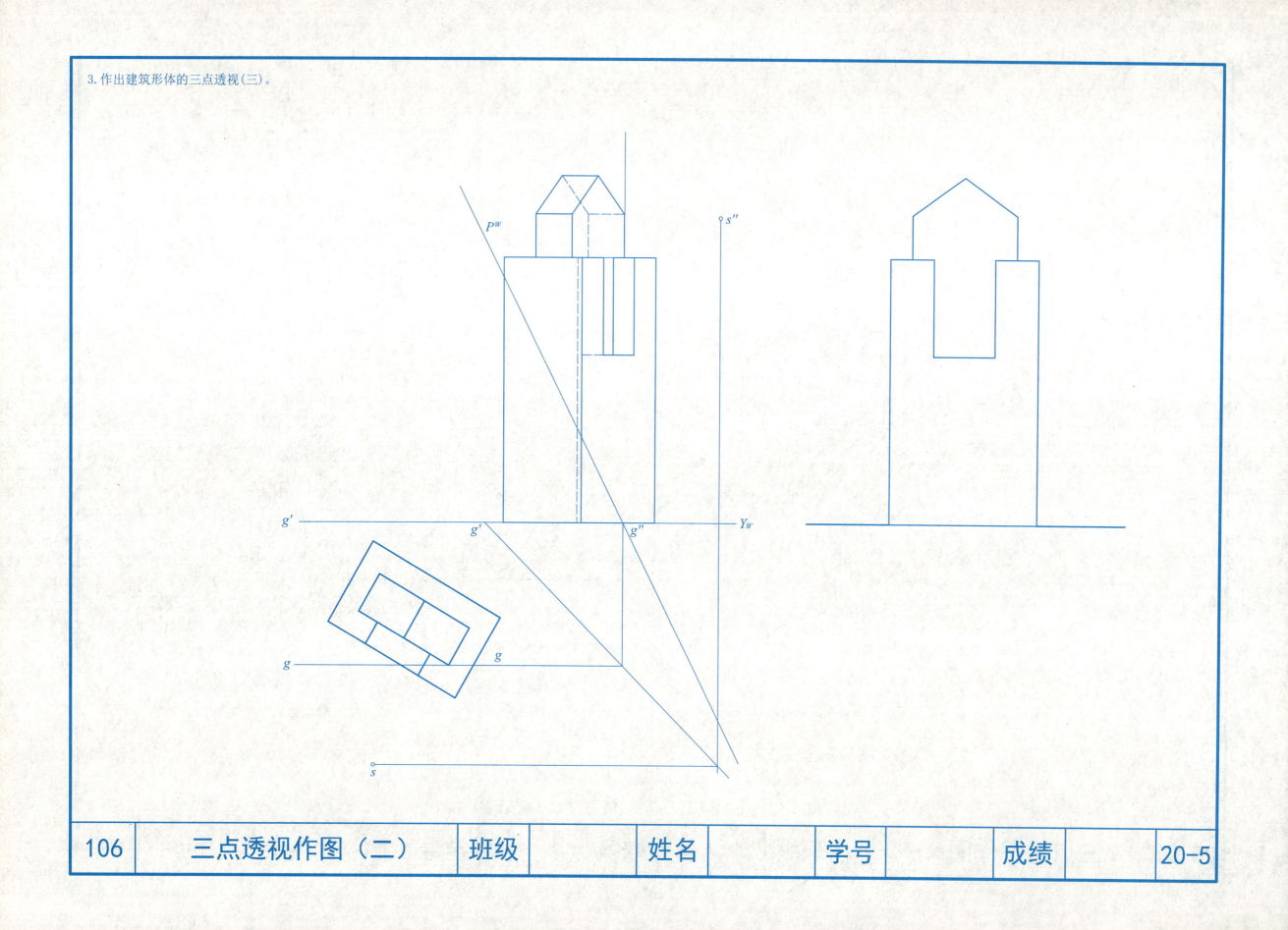

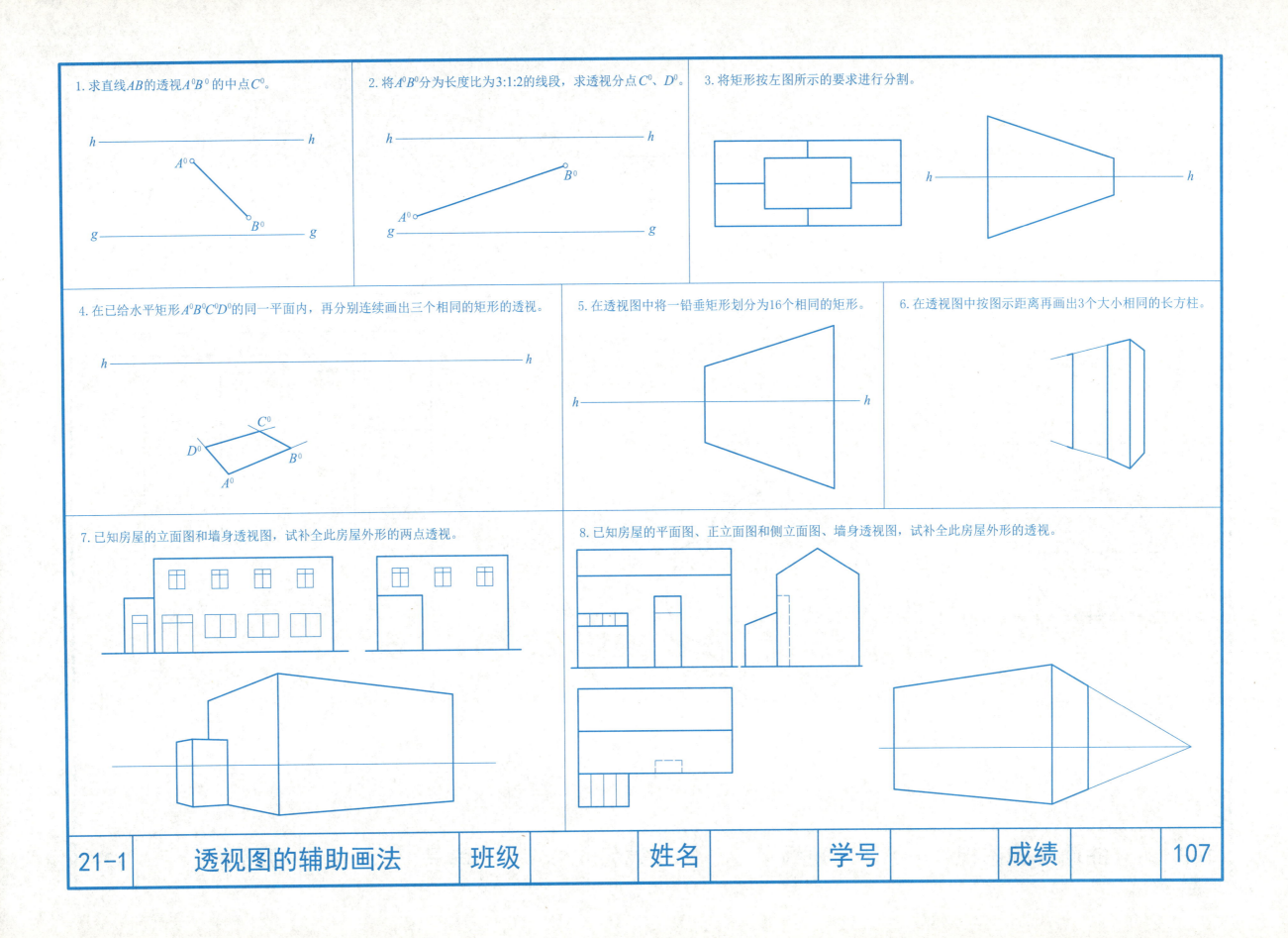

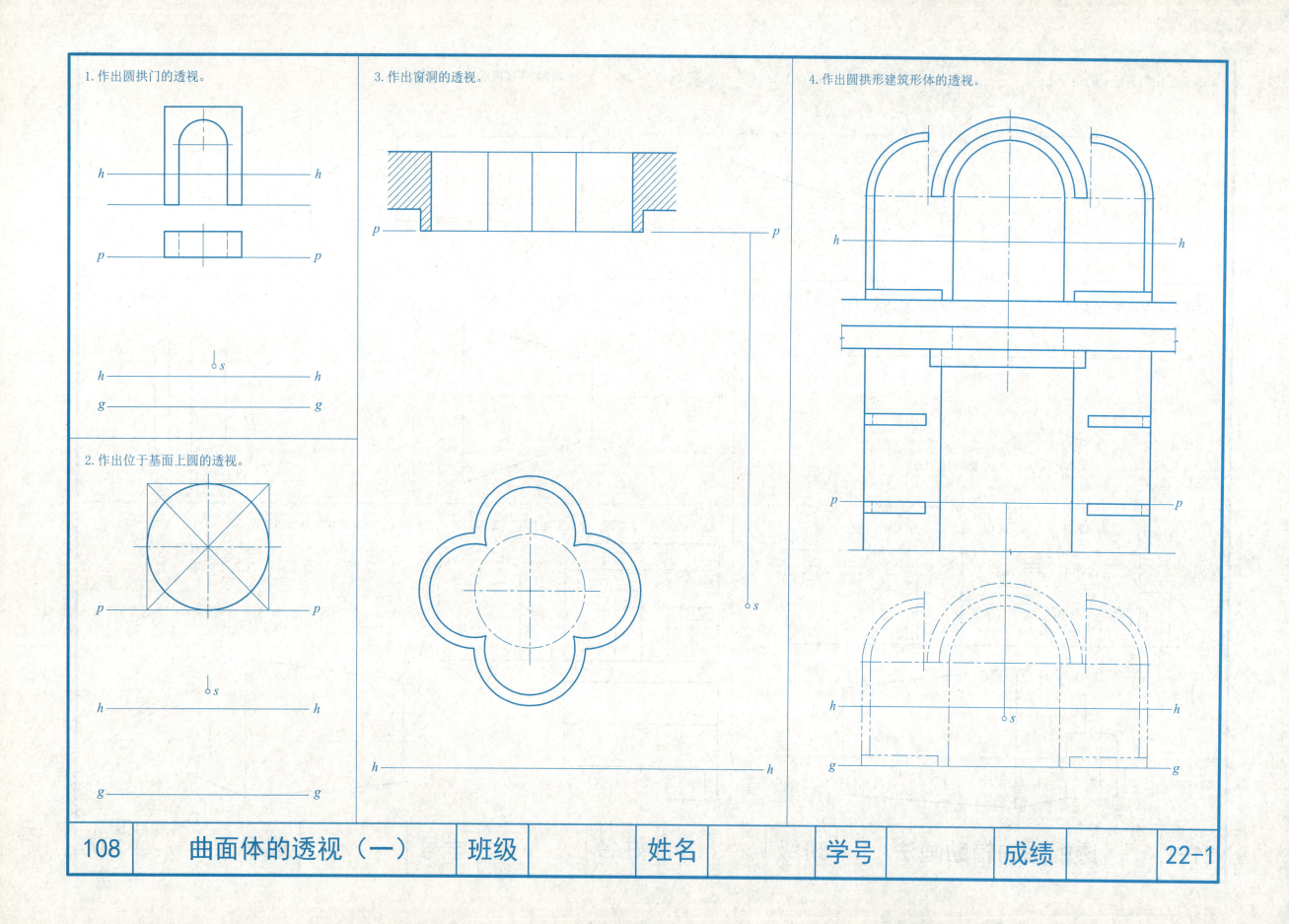

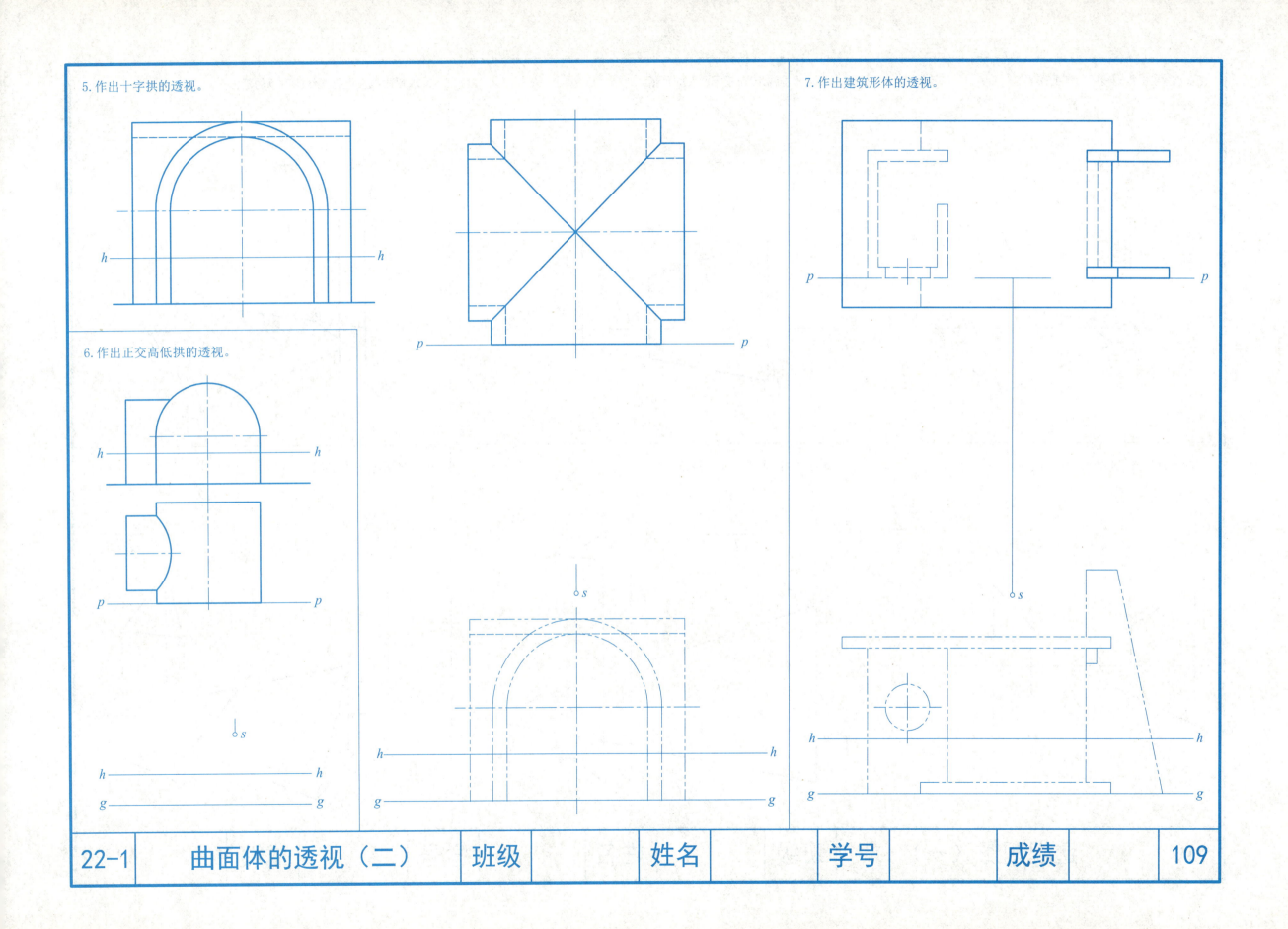

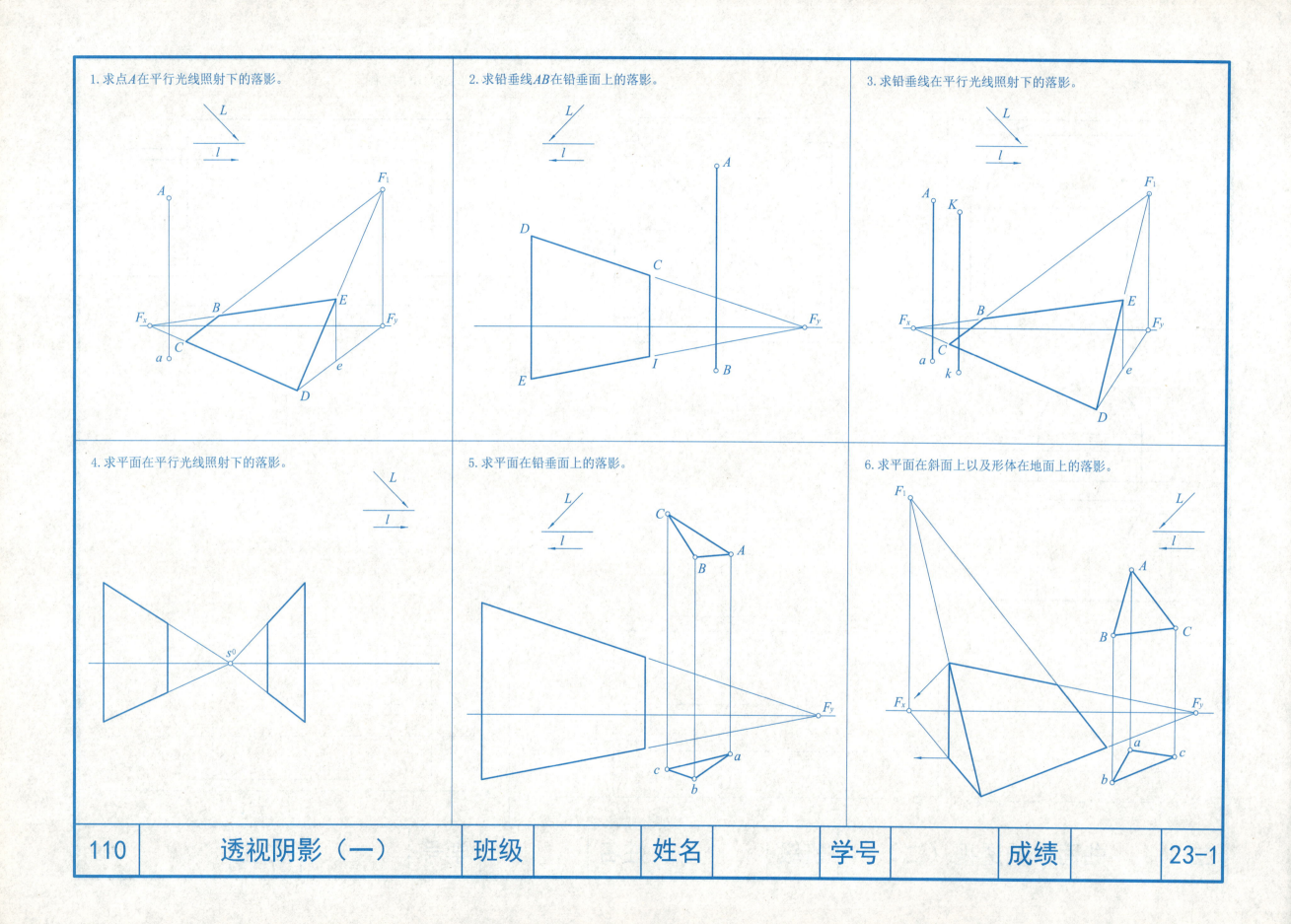

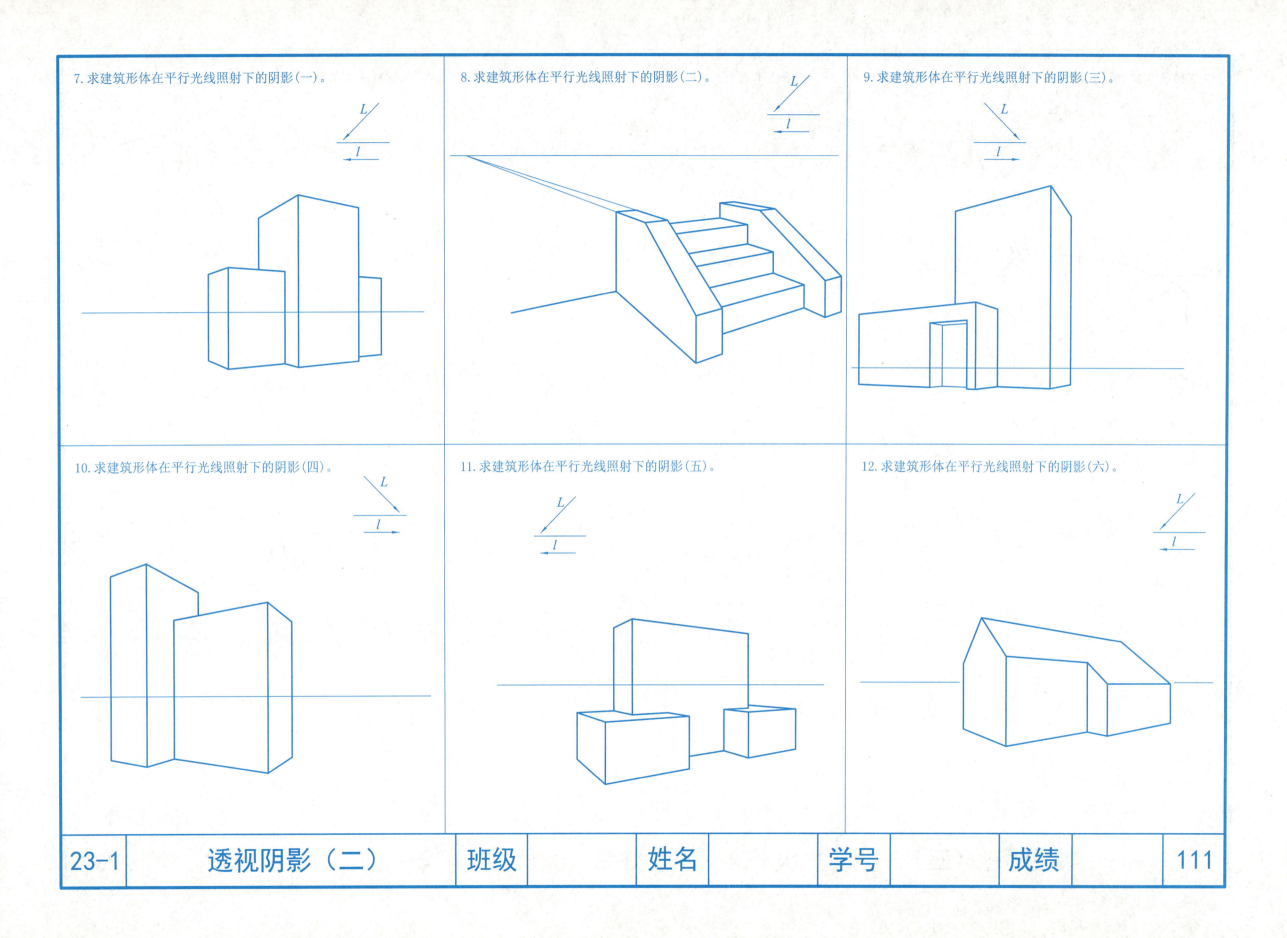

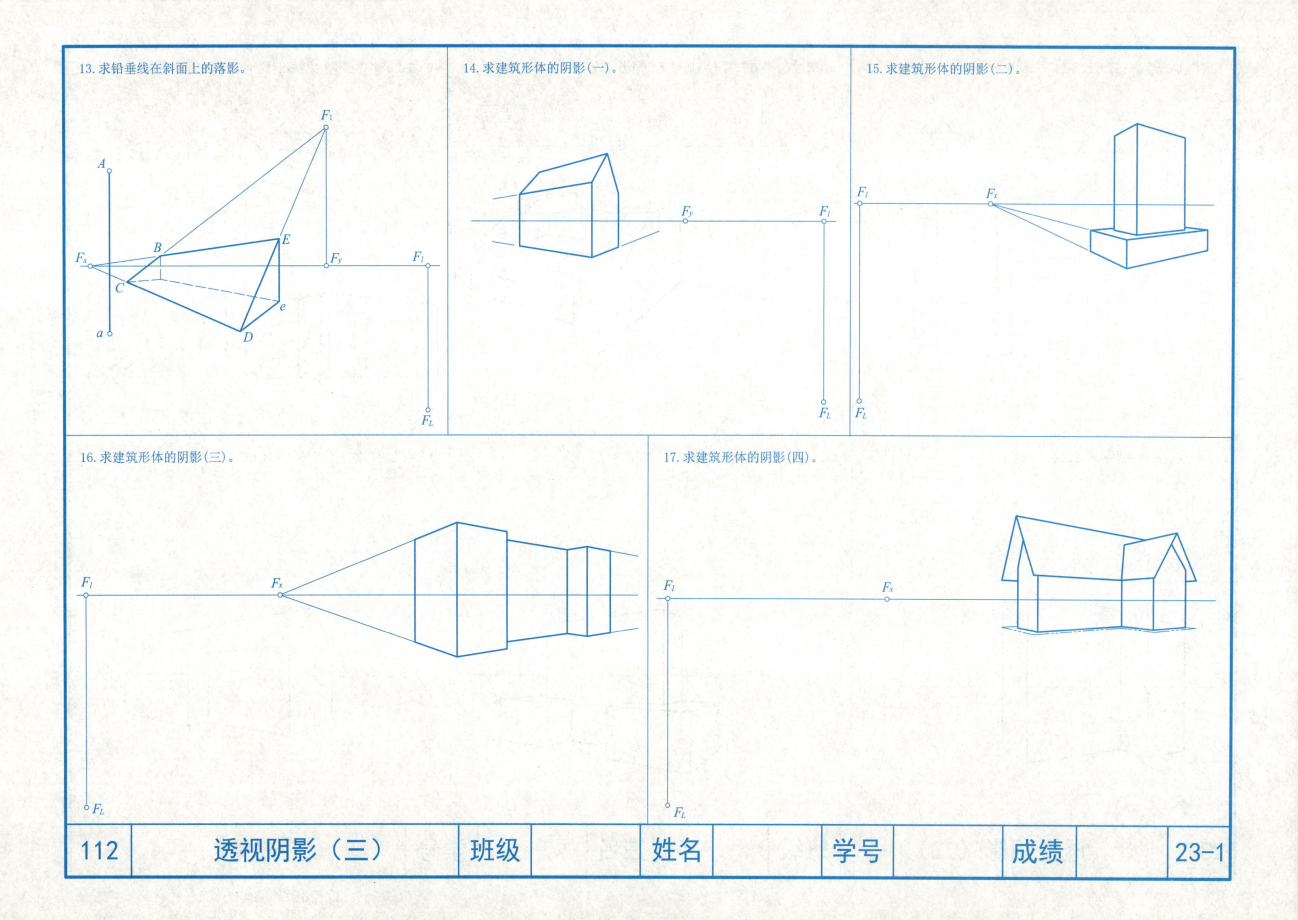

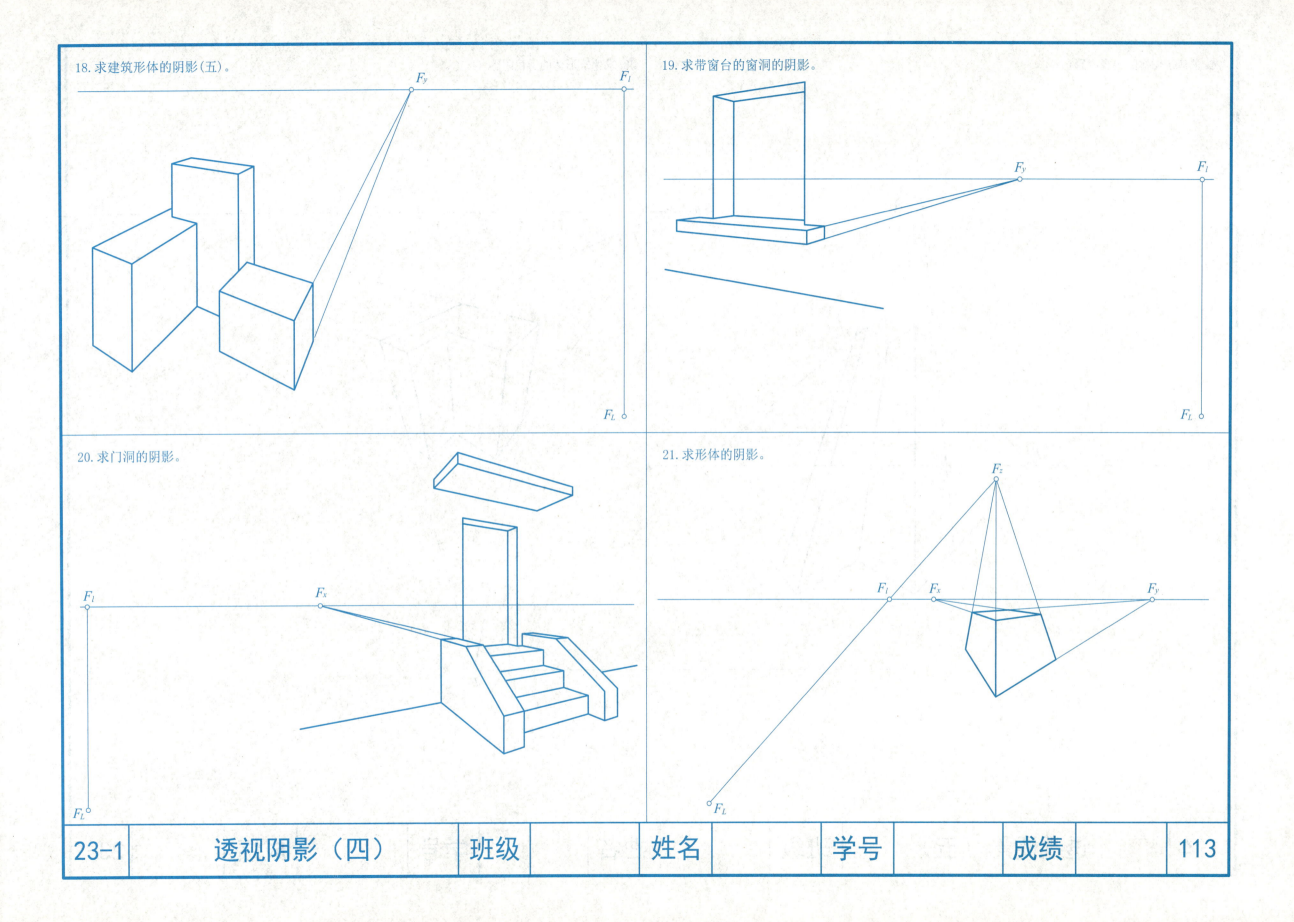

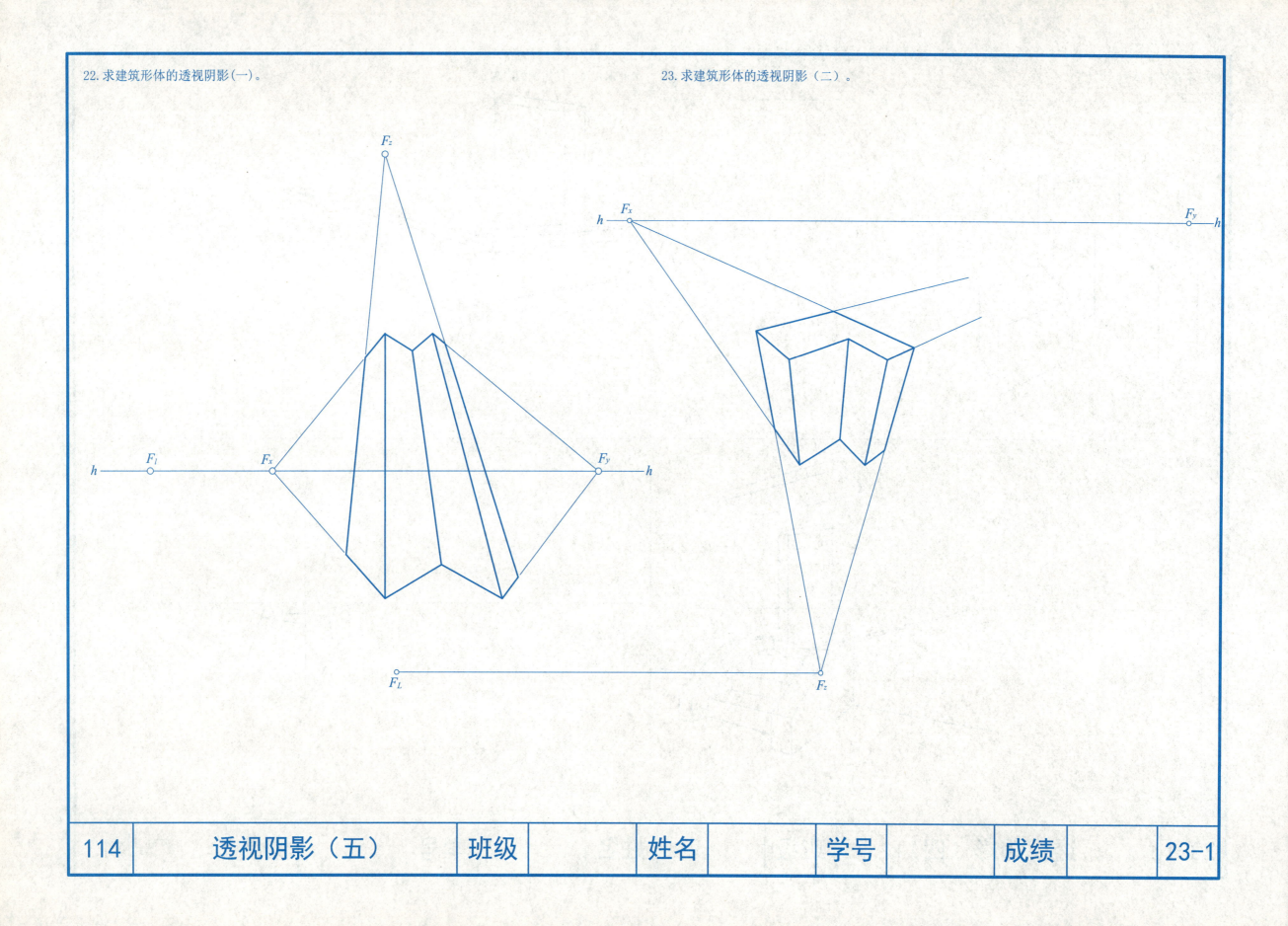

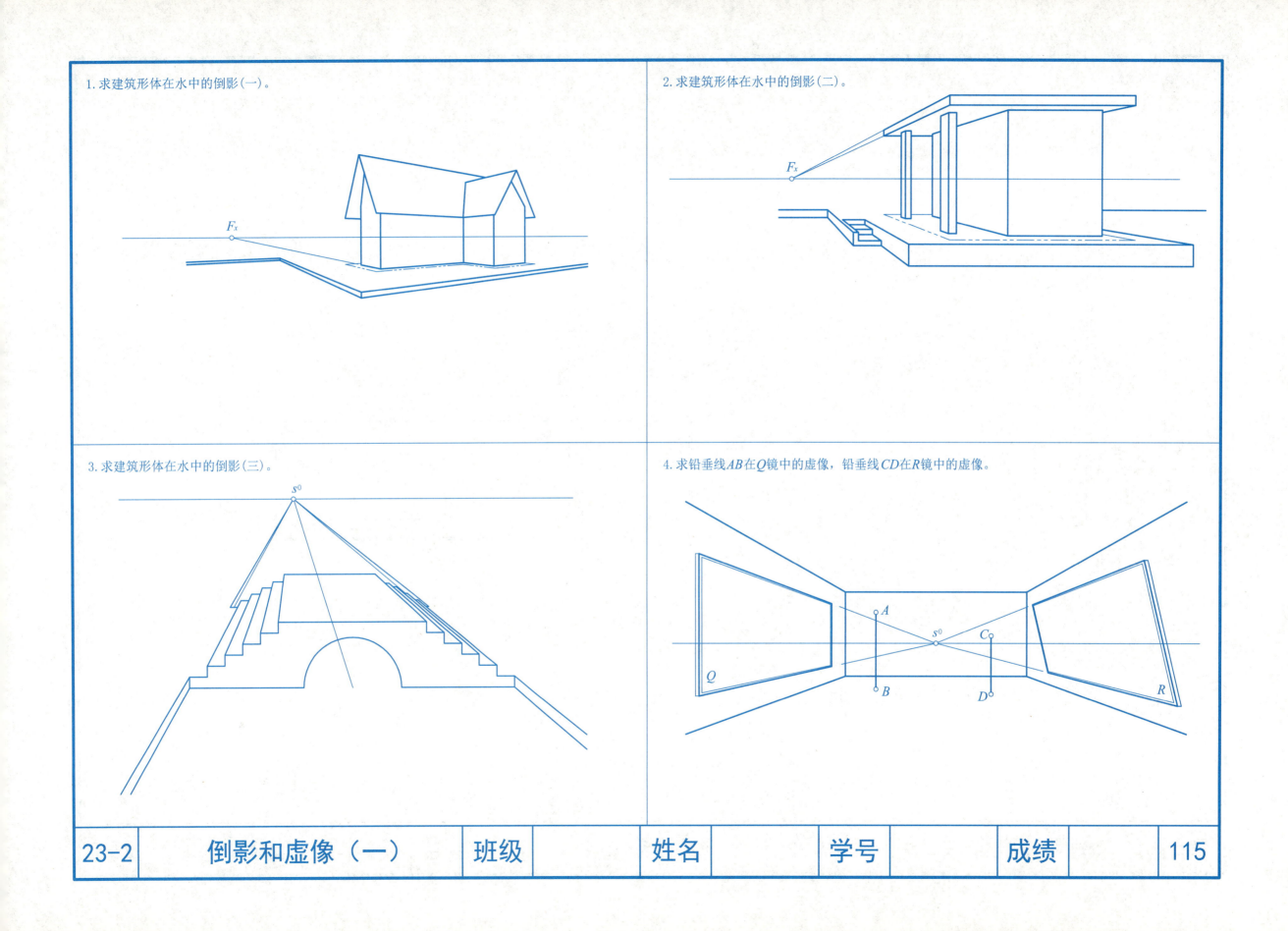

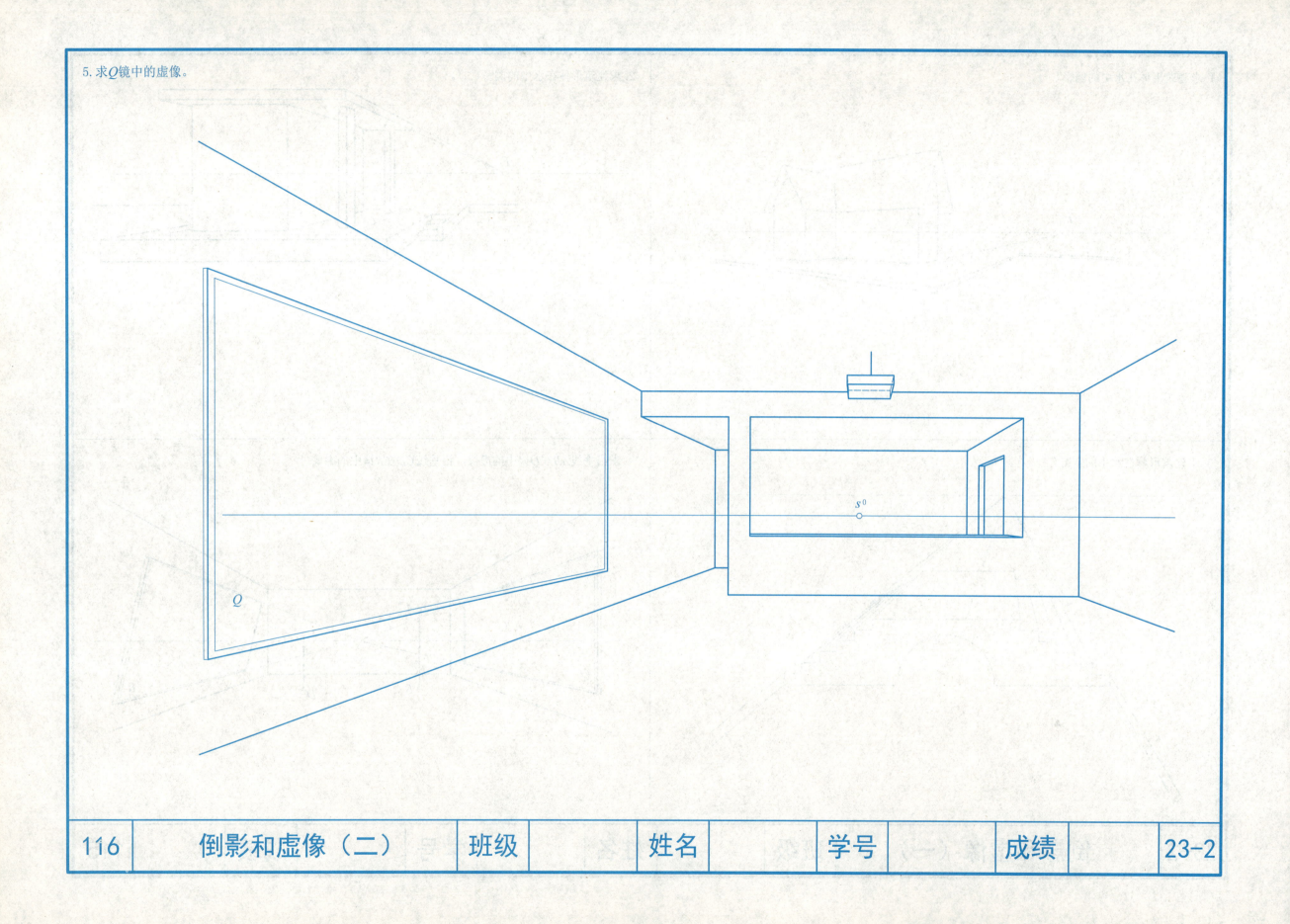

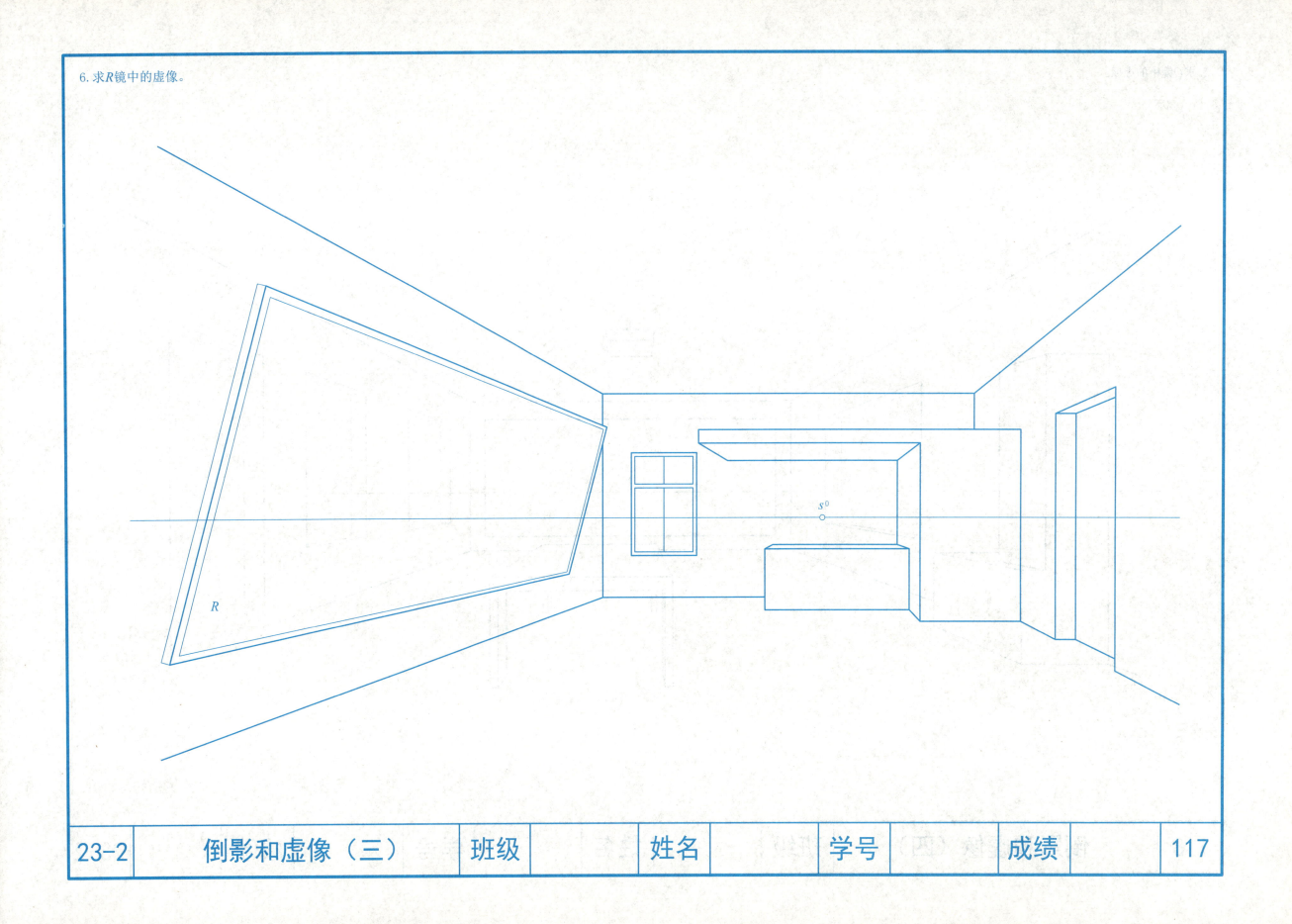

7. 求Q镜中的虚像。

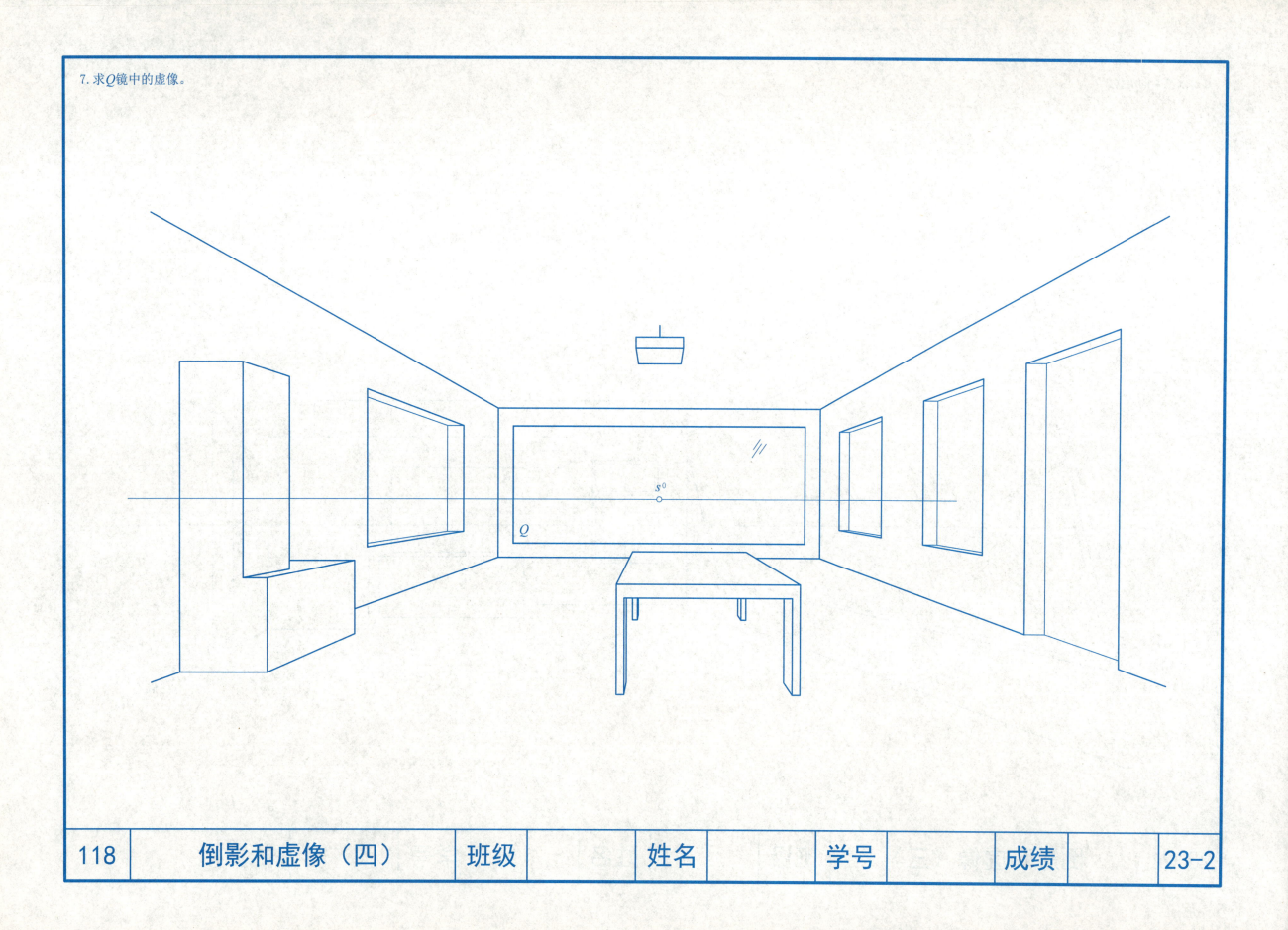

| 118 | 倒影和虚像（四） | 班级 | | 姓名 | | 学号 | | 成绩 | | 23-2 |

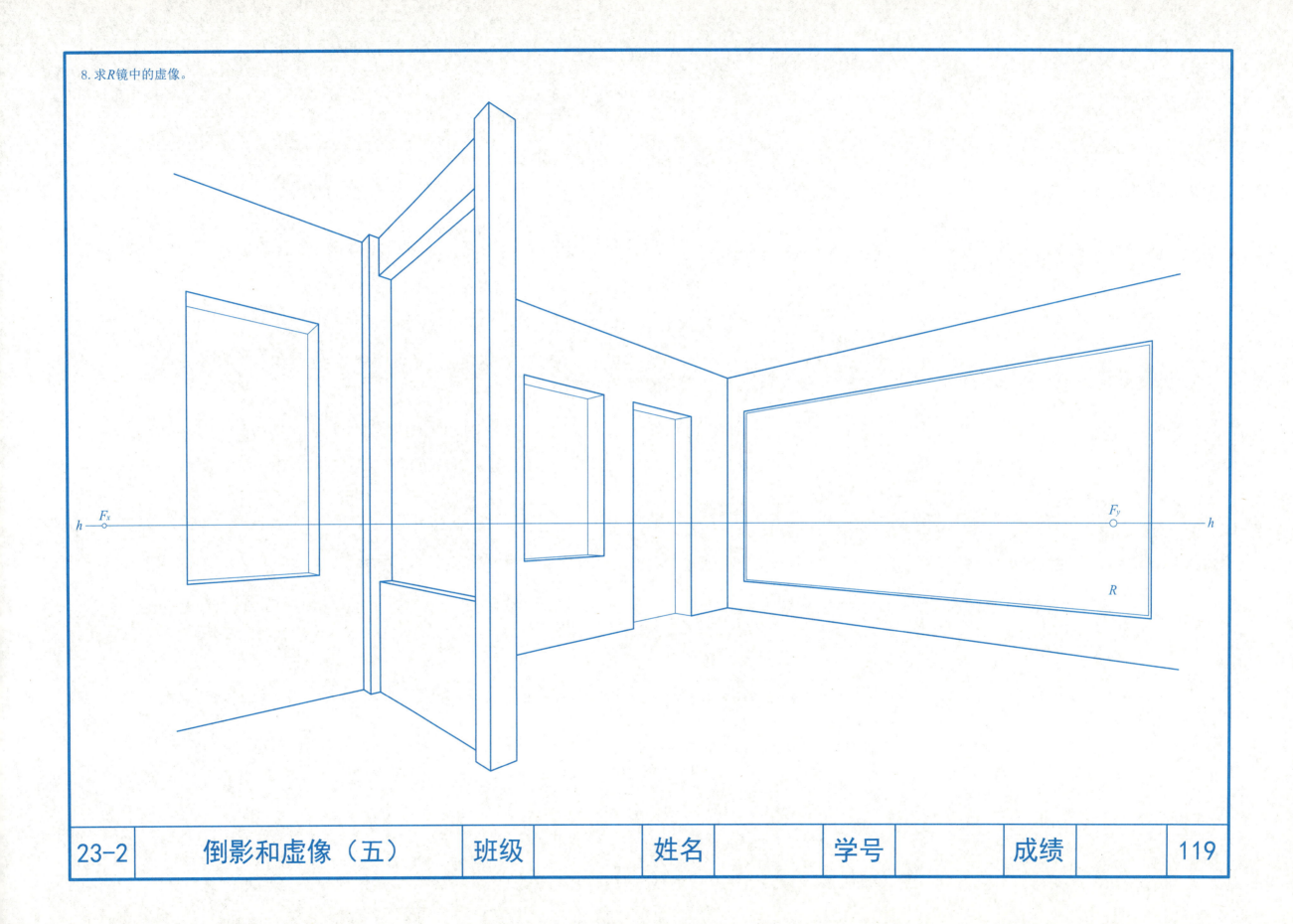